计算机科学概论（Python版）

[美] 克里斯汀 · 阿尔瓦拉多（Christine Alvarado） 扎卡里 · 道兹（Zachary Dodds）
吉奥夫 · 昆宁（Geoff Kuenning） 兰 · 列别斯科（Ran Libesk） 著 王海鹏 译

人民邮电出版社
北京

图书在版编目（CIP）数据

计算机科学概论 : Python版 / (美) 克里斯汀·阿尔瓦拉多 (Christine Alvarado) 等著 ; 王海鹏译. -- 北京 : 人民邮电出版社, 2020.6(2022.10重印)
国外著名高等院校信息科学与技术优秀教材
ISBN 978-7-115-53554-2

Ⅰ. ①计… Ⅱ. ①克… ②王… Ⅲ. ①软件工具—程序设计—高等学校—教材 Ⅳ. ①TP311.561

中国版本图书馆CIP数据核字(2020)第040050号

版 权 声 明

◆ 著　[美] 克里斯汀·阿尔瓦拉多（Christine Alvarado）
[美] 扎卡里·道兹（Zachary Dodds）
[美] 吉奥夫·昆宁（Geoff Kuenning）
[美] 兰·列别斯科（Ran Libesk）
译　王海鹏
责任编辑　陈冀康
责任印制　王　郁　焦志炜

◆ 人民邮电出版社出版发行　北京市丰台区成寿寺路 11 号
邮编　100164　电子邮件　315@ptpress.com.cn
网址　https://www.ptpress.com.cn
固安县铭成印刷有限公司印刷

◆ 开本：787×1092　1/16
印张：14　2020 年 6 月第 1 版
字数：330 千字　2022 年 10 月河北第 2 次印刷

著作权合同登记号　图字：01-2019-7198 号

定价：49.00 元

读者服务热线：(010) 81055410　印装质量热线：(010) 81055316
反盗版热线：(010) 81055315
广告经营许可证：京东市监广登字20170147号

内容提要

本书是美国哈维玛德学院 “计算机科学通识”课程的配套教材，用独特的方法介绍计算机科学，带领读者进入这一充满智慧和活力的知识领域。

全书共 7 章。第 1 章介绍计算机科学的概念，引入了用于控制虚拟的“Picobot”机器人的一种简单的编程语言；第 2 章和第 3 章介绍 Python 编程语言，并且结合 Python 介绍了函数式编程的思想和概念；第 4 章深入计算机的内部工作原理，从数字逻辑到机器组织，再到用机器语言编程；第 5 章探讨计算中更复杂的思想，同时探讨诸如引用和可变性等概念，以及包括循环在内的构造、数组和字典；第 6 章探讨面向对象编程和设计中的一些关键思想；第 7 章针对问题解决，在计算复杂性和可计算性方面，提供了一些优雅的，但数学上非常合理的处理方法，最终证明了计算机上无法解决的许多计算问题。

本书适合想要通过 Python 编程来系统学习和了解计算机科学的读者阅读，也可以作为高等院校计算机相关专业的教学参考书。

前　言

欢迎你阅读本书！本书采用了独特的方法介绍计算机科学。简而言之，我们的目标是将计算机科学作为一个智慧丰富和充满活力的领域，而不是专注于计算机编程。虽然编程肯定是我们的方法中一个重要且普遍的元素，但我们强调概念和解决问题，而不是语法和编程语言特性。

本书是美国哈维玛德学院“计算机科学通识”课程的配套教材，随后在美国许多学院和大学中被采用。在哈维玛德学院，几乎每个一年级学生都会学习这门课程（不论学生的最终专业是什么），它是学院核心课程的一部分。我们的教材也被克莱蒙特学院联盟的许多学校采用，包括主修人文科学、社会科学和艺术的学生都在使用。因此，这是学生的第一门计算课程，无论他们的专业是什么。

从第 1 章开始，本书强调解决问题和重要思想的特点就很明确。我们在第 1 章中描述了一种非常简单的编程语言，用于控制虚拟的“Picobot”机器人。读者花十分钟就可以掌握其语法，但这里提出的计算问题是深刻而有趣的。

本书的其余部分遵循了同样的思路。我们使用 Python 语言，因为它的语法简单，并且有一套丰富的工具和软件包，让新手程序员能够编写有用的程序。在第 2 章中，我们对使用 Python 进行编程的介绍仅限于该语言语法的有限子集，这体现了函数式编程语言的精神。通过这种方式，读者很早就掌握了递归，并意识到他们可以用极少的代码编写有趣的程序。

第 3 章在函数式编程上更进一步，介绍了高阶函数的概念。第 4 章关注一个问题：“我的计算机如何做到这一切？”我们研究了计算机的内部工作原理，从数字逻辑到计算机组织，再到用机器语言编程。

既然已经揭开了计算机的“神秘面纱”，读者也看到了“幕后”发生的事情的物理表示，于是我们在第 5 章中继续探讨了计算中更复杂的思想，同时探讨了诸如引用和可变性等概念，以及包括循环在内的构造、数组和字典。我们利用第 4 章介绍的计算机物理模型来解释这些概念和结构。根据我们的经验，如果读者建立了底层的物理模型，就更容易理解这些概念。所有这些都是在读者熟悉的场景下完成的，这就是一个推荐程序，就像在线购物中使用的那种。

在第 6 章中，我们探讨了面向对象编程和设计中的一些关键思想。这里的目标不是培养专业级的程序员，而是解释面向对象范式的基本原理，并让读者了解一些关键概念。最后，在第 7 章中，我们研究了问题的“难度”——在计算复杂性和可计算性方面，提供了一些优雅的，但

内容新！有改进！有许多“边缘的”有用注释！

数学上非常合理的处理方法，最终证明了计算机上无法解决的许多计算问题。我们使用 Python 作为模型，而不是使用形式化的计算模型（如图灵机）。

本书意在与我们为课程开发的大量资源一起使用，这些资源可从网站 https://www.cs.hmc.edu/csforall 上获得。这些资源包括完整的授课 PPT、丰富的每周作业集、一些附带的软件和文档，以及关于该课程已发表的论文。

我们有意让这本书的篇幅相对较短，并努力让它变得有趣、可读性好。本书准确地反映了课程的内容，而不是一本不可能在一个学期学完的、令人望而生畏的百科全书。我们编写这本书时相信，读者可以随着课程的进行而舒适地阅读所有内容。

祝各位读者阅读愉快、计算愉快！

致谢

作者非常感谢美国国家科学基金会，通过 CPATH 0939149 的资助，为本课程的开发提供了方方面面的支持。多年来，这本书从许多学生和教师的反馈中不断得到改善。巴克内尔大学的 Dan Hyde 教授提供的详细建议，为本书带来了大量改进。此外，巴克内尔大学的 Richard Zaccone 教授、史蒂文斯理工学院的 David Naumann 教授和 Dan Duchamp 教授、波士顿大学的 Dave Sullivan 博士、Eran Segev 先生以及几位匿名的审稿人提供了许多宝贵的意见和建议。Chris Butler、Nic Dodds、Ciante Jones 和 Dylan McGarvey 帮助完成了许多最终的制作任务。

最后，感谢 Franklin Beedle 出版社的 Jaron Ayres、Brenda Jones 和 Tom Sumner 的团队，他们凭着良好的判断力出版了这本书，热情地、耐心地支持我们完成了这次“探险”。

我们努力做到准确和正确。本文中的所有错误完全由作者负责。

Christine Alvarado (*UC San Diego*)

Zachary Dodds (*Harvey Mudd College*)

Geoff Kuenning (*Harvey Mudd College*)

Ran Libeskind-Hadas (*Harvey Mudd College*)

资源与支持

本书由异步社区出品，社区（https://www.epubit.com/）为您提供相关资源和后续服务。

提交勘误

作者和编辑尽最大努力来确保书中内容的准确性，但难免会存在疏漏。欢迎您将发现的问题反馈给我们，帮助我们提升图书的质量。

当您发现错误时，请登录异步社区，按书名搜索，进入本书页面，单击“提交勘误”，输入勘误信息，单击“提交”按钮即可。本书的作者和编辑会对您提交的勘误进行审核，确认并接受后，您将获赠异步社区的100积分。积分可用于在异步社区兑换优惠券、样书或奖品。

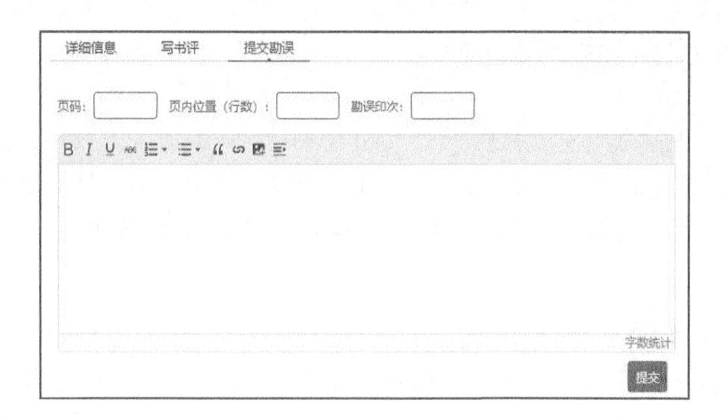

扫码关注本书

扫描下方二维码，您将会在异步社区微信服务号中看到本书信息及相关的服务提示。

与我们联系

我们的联系邮箱是 contact@epubit.com.cn。

如果您对本书有任何疑问或建议，请您发邮件给我们，并请在邮件标题中注明本书书名，以便我们更高效地做出反馈。

如果您有兴趣出版图书、录制教学视频或者参与图书翻译、技术审校等工作，可以发邮件给我们；有意出版图书的作者也可以到异步社区在线提交投稿（直接访问 www.epubit.com/selfpublish/submission 即可）。

如果您是学校、培训机构或企业，想批量购买本书或异步社区出版的其他图书，也可以发邮件给我们。

如果您在网上发现有针对异步社区出品图书的各种形式的盗版行为，包括对图书全部或部分内容的非授权传播，请您将怀疑有侵权行为的链接发邮件给我们。您的这一举动是对作者权益的保护，也是我们持续为您提供有价值的内容的动力之源。

关于异步社区和异步图书

“异步社区”是人民邮电出版社旗下 IT 专业图书社区，致力于出版精品 IT 技术图书和相关学习产品，为作译者提供优质出版服务。异步社区创办于 2015 年 8 月，提供大量精品 IT 技术图书和电子书，以及高品质技术文章和视频课程。更多详情请访问异步社区官网 https://www.epubit.com。

“异步图书”是由异步社区编辑团队策划出版的精品 IT 专业图书的品牌，依托于人民邮电出版社近 30 年的计算机图书出版积累和专业编辑团队，相关图书在封面上印有异步图书的 LOGO。异步图书的出版领域包括软件开发、大数据、AI、测试、前端、网络技术等。

异步社区

微信服务号

目　录

第 1 章　引言

计算机科学对于信息革命，就像是机械工程对于工业革命。

——Robert Keller

1.1　什么是计算机科学

你可能不确定计算机科学（Computer Science，CS）是什么，但你每天都在使用它。当你使用 Google 或智能手机，或观看有特效的电影时，其中有很多 CS 的功劳。当你通过互联网订购产品时，网站也包含了 CS，用加密的方式来保证你的信用卡安全，而且联邦快递也利用 CS 规划其送货车辆，以便尽快将你的订单送达。尽管如此，就算是计算机科学家也很难回答这个问题："究竟什么是 CS？"

许多其他科学试图理解事物的运作方式：物理学试图理解物理世界，化学试图理解物质的组成，生物学试图理解生命。那么计算机科学试图理解什么呢？计算机？可能不是——计算机是由人类设计和建造的，因此它们的内部运作方式是已知的（至少对某些人来说是这样！）。

也许它就是研究编程。编程对于计算机科学家来说确实很重要，正如语法对于作者很重要，或望远镜对于天文学家很重要。但是没有人会认为写作就是研究语法，或者天文学就是研究望远镜。同样，**编程是计算机科学的一个重要部分，但它不是计算机科学的全部**。

如果我们转向源头，计算机科学起源于不同的领域，其中包括工程、数学和认知科学等。一些计算机科学家设计事物，就像工程师一样。另一些科学家寻求解决计算问题的新方法，分析他们的解决方案，并证明他们是正确的，就像数学家一样。还有一些科学家思考人类如何与计算机和软件进行交互，这与认知科学和心理学密切相关。所有这些都是计算机科学的一部分。

所有计算机科学家（几乎）有一个统一的主题，即他们对从人工智能到动物进化的"任务的自动化”感兴趣。换句话说，计算机科学家有兴趣为各种各样的计算问题寻找解决方案。他们分析这些解决方案，以确定其有效性和效率，并实现良好的解决方案，为人们创造有用的软件。这种多样化的工作方向，也是CS如此有趣的部分原因。

动物进化是指特定动物物种的起源。计算生物学是利用CS来帮助解决动物进化问题的领域。

计算机科学的核心有几个重要的概念，我们选择强调其中6个概念：数据、算法、编程、抽象、解决问题和创造力。

1.1.1 数据

在2018年初，如果你用Google搜索“pie recipe”（派的菜谱），Google会报告大约600万页，并按估计的相关性和实用性排序。Facebook拥有超过20亿活跃用户，每天产生数十亿次评论和点赞。GenBank是生物学家和研究遗传疾病的医学研究人员使用的DNA序列的国家数据库，拥有超过2亿个基因序列，拥有超过2000亿个DNA碱基对。国际数据公司（International Data Corporation）估计，数字世界包含16ZB的数据。按数字电影中使用的超高清视频来算，这相当于大约1600万年的视频。

那是天文数字！

没有计算机科学，所有这些数据都将是“垃圾”。如果没有计算机科学的思想和工具，在Google上搜索菜谱、在Facebook上搜索朋友或在GenBank上搜索基因都是不可能的。

即使我们没有处理数百万或数十亿的事物，使用数据做有意义的事情也很有挑战性。在本书中，我们将利用较小的数据集来做有趣的事情。但我们所做的很多事情也适用于非常大量的数据。

1.1.2 算法

得到派和得到π

出现计算问题时，我们的第一个目标是找到一个计算解决方案或算法来解决它。算法是执行任务的精确步骤，例如，在Google上对网页进行排名、在Facebook上搜索朋友，或在GenBank上查找密切相关的基因。在某些情况下，一个好的算法足以创建一个成功的公司（例如，谷歌最初的成功归功于它的PageRank算法）。

算法常常被类比为菜谱，对其成分（数据）进行操作。例如，想象一个外星人从一个遥远的星球来到地球，渴望得到某种南瓜派。这个外星人在Google上搜索南瓜派，发现了以下内容。

1．在一个小碗中，混合 3/4 杯糖、1 茶匙肉桂、1/2 茶匙盐、1/2 茶匙生姜和 1/4 茶匙丁香。

2．在一个大碗中打 2 个鸡蛋。

3．将 115OZ（1OZ≈28.35g）的罐头装南瓜和步骤 1 中的混合物放入鸡蛋中搅拌。

4．在混合物中逐渐加入 112OZ 罐头装炼乳并搅拌。

5．将混合物倒入未烘烤的 9in（1in=25.4mm）的南瓜派面托中。

6．将烤箱温度调至约 218.3℃烘烤 15min。

7．将烤箱温度降至约 176.6℃。

8．烘烤 30～40min，或直到定型。

9．在金属网架上冷却 2h。

假设我们知道如何执行基本的烹饪步骤（测量成分、打鸡蛋、搅拌、舔勺子等）。通过精确地遵循这些步骤，我们可以制作美味的南瓜派。

出于对美食的尊重，计算机科学家很少编写与食物有关的菜谱（算法）。作为计算机科学家，我们更有可能编写一种算法来计算 π，而不是编写算法来制作南瓜派。让我们考虑这样一个算法。

1．画一个 2 feet×2feet（1feet=304.8mm）的正方形。

2．在这个正方形内画一个半径为 1feet（直径为 2feet）的圆。

3．拿一桶（n 支）飞镖，远离镖靶，然后戴上眼罩。

4．每次取一支飞镖，对于每支飞镖：

　a．在你的眼睛被蒙住的情况下，随机投掷飞镖（但假设你的投掷技术确保它会落在镖靶的某个地方）；

　b．记录飞镖是否落在圆内。

5．当你投掷完所有飞镖时，将落入圆内的次数除以投掷的飞镖总数 n，并乘以 4。这将给出你对 π 的估计。

图 1.1 展示了这种场景。

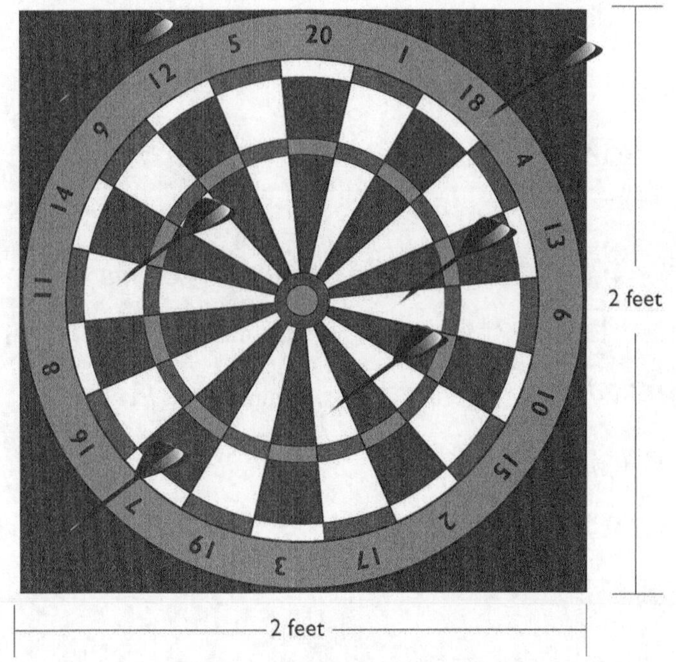

图 1.1 利用镖靶近似求 π

这是算法的描述，但为什么它有效？下面就是原因。圆的面积是 πr^2，在这种情况下是 π，因为我们将镖靶的半径设为 1。正方形的面积是 4。因为我们假设飞镖可能落在正方形的任何地方，所以预期它们落在圆内的次数正比于圆与正方形的面积之比（π/4）。如果我们投掷 n 支飞镖，并确定落在圆内的次数为某个数字 k，那么 k/n 应该约为 π/4。因此，将该比率乘以 4 可得出 π 的近似值。

令人高兴的是，计算机不需要投掷实物飞镖。作为替代，我们可以生成描述飞镖落地位置的随机坐标，从而模拟这种投掷飞镖的过程。计算机可以在几分之一秒内投掷数百万支虚拟飞镖，且永远不会投掷在正方形之外——让你的室友更安全！

1.1.3 编程

虽然我们之前曾指出，计算机科学并不仅仅是研究编程，但最终我们通常希望有一个程序（即软件），实现对数据进行操作的算法。

学习编程有点像学习说新语言，或用新语言写作。好消息是编程语言的句法（词汇和语法）并不像自然语言那样复杂。在本书中，我们将使用一种名为 Python 的语言进行编程，它的语法特别容易学习。但不要误以为它不是真正的编程语言——Python 是真正的程序员用来编写真实软件的真正语言。此外，你在这里学到的思想可以迁移到以后对其他语言的学习。

1.1.4 抽象

虽然数据、算法和编程可能看起来似乎已经是一个完整的故事，但事实上幕后还有其他重要的思想。软件非常复杂，任何一个人都很难甚至不可能记住所有的交互部分。为了处理这样复杂的系统，计算机科学家利用了“抽象”这一概念：在设计程序的一部分时，我们可以忽略程序其他部分的非必要细节，只要对它们做高层次的理解。

例如，汽车有引擎、传动系统、电气系统和其他组件。这些组件可以被单独设计，然后组装在一起工作。传动系统的设计者不需要了解引擎如何工作的每个细节，只要了解传动系统和引擎的连接方式就足够了。对于传动系统的设计者来说，引擎是一种“抽象”。实际上，引擎本身分为气缸体、分电器等部分。这些部分也可以被视为彼此交互的抽象实体。在设计气缸体时，我们不需要考虑分电器如何工作的每个细节。

软件系统甚至比汽车更复杂。设计软件要求我们考虑抽象，以便确保许多人可以为项目做出贡献而无须每个人都了解所有内容，以便有条不紊地测试软件，以便能够在未来简单地用一个改进的新组件替换一个组件从而更新软件。因此，抽象是设计任何大型系统，特别是软件的关键思想。

1.1.5 解决问题和创造力

本书致力于帮助你编写精心设计的程序，这些程序用数据做一些有趣的事情。在此过程中，我们希望让你明白计算机科学是一项极具创造性的工作，需要创新的问题解决方式、探索甚至实验。通常情况下，解决问题的方法不止一种。在某些情况下，甚至没有明确的“最佳”方法来解决问题。不同解决方案会有不同的优点。虽然 Google、Facebook 和 GenBank 非常易于使用，但在设计和不断更新此类系统时出现了许多挑战，并将不断出现。这些挑战经常导致计算机科学家团队共同努力寻找不同的解决方案并评估其相对优点。虽然我们在本书中将面临的挑战范围较小，但我们希望与你分享计算机科学核心的解决问题的感觉和创造力。

要点： 简而言之，本书的目的是展示构成计算机科学的广泛活动，同时向你展示一些基本和美好的思想，并为你提供设计、实现和分析自己的程序的技能。

1.2 Picobot

先行动再思考。

——W. H. Auden

了解计算机科学的最佳方法，就是直接进入并开始解决计算机科学问题。所以我们就这么做。在本节中，我们将研究一个重要问题的解决方案：如何确保你永远不必再清扫房间（或至少不必吸尘）。为了解决这个问题，我们将使用一种名为Picobot的简单编程语言来控制一个机器人，这个机器人基本上基于Roomba吸尘清扫机器人。

你可能想知道Python怎么了，我们说过在本书中将会使用这种编程语言。为什么我们忽略了Python，将我们计划用于本书其余部分的这种语言放在一边？答案是：虽然Python是一种简单的编程语言（但功能强大！），易于学习，但Picobot是一种更简单的编程语言，更易于学习。整个语言只需几分钟即可学习，但它允许你进行一些非常强大而有趣的计算。在讨论完整的编程语言之前，我们就能够开始一些严肃的计算机科学。这很新奇和有趣——无论你以前是否编过程，这应该会提供一种"我发现了！"的体验。因此，请打开你的浏览器并进入https://www.cs.hmc.edu/picobot。

该网站提供了一个探索Picobot功能的模拟环境。

你会注意到，我们使用"Picobot"一词来指代Roomba机器人和我们用于对它编程的语言。实际上，Picobot可能根本无法"看见"环境。作为替代，它也许通过许多可能的传感器来感知环境，包括碰撞传感器、红外线、相机、激光等。

1.2.1 Roomba问题

这项最简单的任务（清扫），已成为家用机器人的"杀手级"应用。设想你自己是一个名为Picobot的Roomba真空吸尘器：你的目标是吸干净周围自由空间的碎屑——最好是不会错过任何角落或缝隙。机器人社区称之为覆盖问题：这种任务确保所有草都被割掉，所有表面都被喷上油漆，或所有火星土壤都被调查。

或者至少是"突破级"应用，让该行业第一次大规模盈利。

起初这个问题看起来很简单。毕竟，如果你的父母给你一个真空吸尘器，并告诉你给房间吸尘，你可能做得很好，甚至没有想太多。将策略传达给机器人不是应该很简单吗？

不幸的是，有一些障碍物使得Picobot的工作比你的工作难度大得多。第一，Picobot的视觉非常有限。它只能感知到它周围的东西。第二，Picobot完全不熟悉它应该清扫的环境。虽然你可以蒙着眼睛在你的房间四处走动而不会撞到东西，但Picobot没有那么幸运。第三，Picobot的内存非常有限。事实上，它甚至不记得房间的哪些部分它"看到过"，哪些"没看到过"。

虽然这些挑战让Picobot的工作（以及我们编程Picobot的工作）变得更加困难，但它们也让覆盖问题成为一个值得认真研究的、有趣且重要的计算机科学问题。

1.2.2 环境

解决这个问题的首要任务，是以计算机能处理的方式表示它。换句话说，我们要定义解决这个问题所需的数据。例如，如何表示房间中的障碍物在哪里？或Picobot在哪里？我们可以将房间表示为一个平面，然后列出障碍物转角的坐标和 Picobot 位置的坐标。虽然这种表示是合理的，但我们实际上会使用稍微简单一些的方法。

“离散”是“分成独立的部分”在 CS 中的说法。

无论是草坪还是沙地，如果将其离散成单元格，环境就更容易被覆盖，如图 1.2 所示。这是我们的第一个抽象的示例：我们忽略了环境的细节，并将其简化为我们可以轻松使用的东西。Picobot 同样被简化了。它占据一个单元格（最暗的灰色单元格），并且可以在 4 个方向上每次前进一步：东、南、西、北。

在 Picobot 环境或地图中，有 4 种类型的单元格：最暗的灰色单元格是 Picobot 本身，深灰色单元格是障碍物，浅灰色单元格是自由空间。Picobot 无法感知是否已访问过空单元格（深灰色或浅灰色的），但它可以感知其 4 个邻近单元格中的每一个是自由空间还是障碍物。

Picobot 无法爬上障碍物（深灰色单元格，我们也称之为墙壁），正如我们上面曾提到的，它不会提前知道这些障碍物的位置。Picobot 可以感知的是它的直接环境：紧贴着它的北方、东方、西方或南方的 4 个单元格。周围的环境总是按“NEWS”（北东西南）的顺序报告为 4 个字母的串，这意味着我们将首先看到北方的邻近单元格，接下来是东方，然后是西方，最后是南方。如果北方的单元格为空，则第一个位置的字母是 x；如果北方的单元格被占用，则第一个位置的字母是 N。第二个字母是 x 或 E，表示东方的单元格是空的还是被占用；第三个字母是 x 或 W，表示西方的单元格是空的还是被占用；第四个字母是 x 或 S，表示南方的单元格是空的还是被占用。例如，在图 1.2 左下角的位置，Picobot 的传感器将它的周围环境报告为 4 个字母 xxWS。

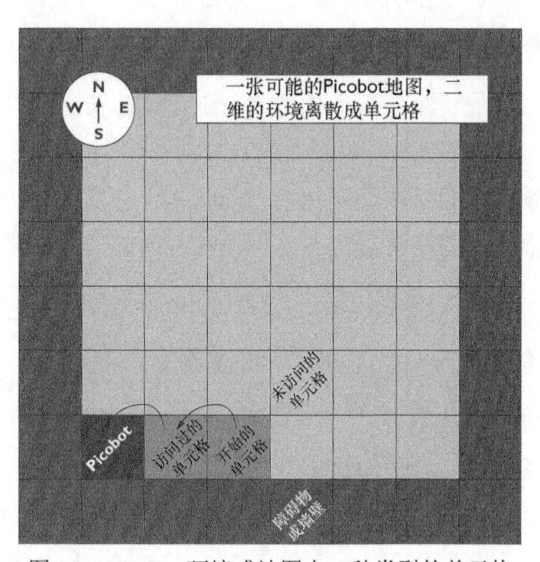

图 1.2 Picobot 环境或地图中 4 种类型的单元格

Picobot 有 16 种可能的周围环境，带有字符串表示，如图 1.3 所示。当然，在我们一直在讨论的矩形房间中，许多周围环境模式不会出现。但是，它们可能会在其他情况下发生——例如，如果 Picobot 正在为建筑物的走廊吸尘。Picobot 完全封闭的模式（字符串表示为 NEWS），在任何合理的情况下都不应该出现！

图 1.3 Picobot 的 16 个可能的周围环境字符串

1.2.3 状态

正如我们所见，Picobot 可以感知它的周围环境。这在决策过程中非常重要。例如，如果 Picobot 正在向北移动并且它感觉到北方的单元格是一面墙，那么它不应该继续向北移动。实际上，模拟器不允许它向北移动。

我现在处于好奇的状态。

但是，Picobot 如何“知道”它是在向北移动还是在向其他方向移动？Picobot 没有天生的方向感。作为替代，我们使用一种称为“状态”的强大概念。计算机（或一个人，或几乎任何其他东西）的状态只是它的当前状态：开启或关闭，开心或悲伤，水下或外太空等。在计算机科学中，我们经常用状态来指代某种内部信息，描述计算机正在做的事。

Picobot 的状态非常简单：它是 0～99 范围内的单个数字。有点令人惊讶的是，这足以让 Picobot 具备一些非常复杂的行为。Picobot 始终以状态 0 开始。

尽管 Picobot 的状态是用数字表示的，但用自然语言术语来思考它是有帮助的。例如，我们可能会认为状态 0 的意思是“我向北走，直到不能再进一步”。但重要的是要注意，没有一个状态数字具有任何特殊的内置含义。我们应该将意义与数字状态联系起来。而且，Picobot 实际上并不知道它朝向的方向。但是我们可以通过定义一组适当的状态来定义我们自己的概念，即 Picobot 朝向哪个方向。

任何事物的状态都可以用一组数字来描述。如果可能的话，描述人类状态会占用非常大的数字！这是一个有趣的哲学问题。

例如，假设我们希望 Picobot 执行一个任务：连续向北移动，直到它到达墙壁。我们可能会认为状态 3 意味着“我向北走，直到不能再往前走（当我到达北方的墙时，会考虑下一步做什么！)”。当 Picobot 到达一面墙时，我们可能希望它进入一个新的状态，如“我向西走，直到不能再往前走（当我到达西方的墙时，不得不考虑接下来要做什么！)”。我们可能会将该状态称为状态 42（或状态 4，这完全由我们定）。

图 1.4 展示了两条 Picobot 规则的 5 个部分。解释状态的思想有一种有用方法，即将不同的意图归于每个状态。根据这两条规则，Picobot 的初始状态（状态 0）代表“尽可能向西移动”。

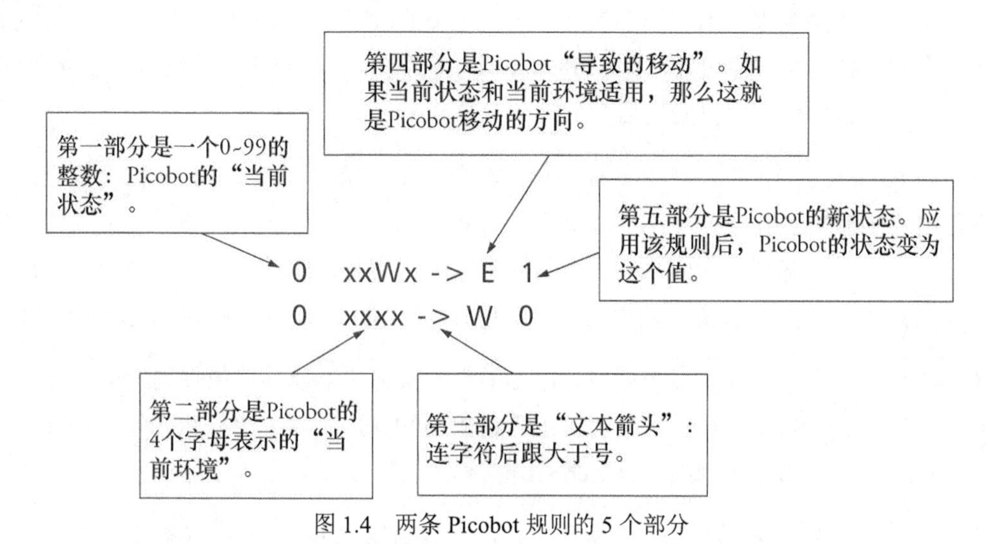

图 1.4　两条 Picobot 规则的 5 个部分

正如我们接下来看到的那样，作为 Picobot 程序员，你的工作就是定义状态及其含义。这样就控制了 Picobot 并让它做有趣的事情！

要点： 状态就是一个数字，代表你希望 Picobot 承担的任务。

1.2.4　局部思考，全局行动

现在我们知道了如何表示 Picobot 的周围环境，以及如何表示它的状态。但是我们如何让 Picobot 做事呢？

Picobot 通过遵循一组规则来移动，这些规则指定了动作和可能的状态改变。Picobot 选择遵循的规则取决于其当前状态和当前环境。因此，Picobot 完整的“思考过程”如下。

1．我评估目前的状态和周围环境。

2．根据这些信息，我找到一条规则，这条规则告诉我：（1）移动的方向；（2）我接下来希望处于的状态。

Picobot 使用包含 5 个部分的规则来表达这个思考过程。上面的图 1.4 展示了这种规则的两个例子。第一条规则，

```
0 xxWx -> E 1
```

用自然语言来说就是：“如果我处于状态 0，只有西方相邻单元格有障碍物，那么向东走一步，进入状态 1。”第二条规则，

```
0 xxxx -> W 0
```

是说：“如果我处于状态 0，周围没有障碍物，那么向西移动一步并保持在状态 0。”总之，这两条规则利用了局部信息，指示 Picobot 向西移动穿过一个开放区域，直到它到达西方的边界，此时 Picobot 进入状态 1。我们还没有说明当处于状态 1 时该做什么。我们稍后会回过头来看看！

向西走，年轻的 Picobot!

以下是 Picobot 的工作原理。Picobot 从状态 0 开始。在每一步，Picobot 都会检查你一次编写的规则列表，查找适用的规则。Picobot 会从你指定的第一条规则向下查看。如果规则的状态部分与 Picobot 的当前状态匹配，并且规则的周围环境部分与当前环境匹配，那么这条规则适用。这时，Picobot 执行该规则并重复这个过程。

请记住，Picobot 始终从状态 0 开始其任务。

如果没有匹配 Picobot 当前状态和当前环境的规则，会怎样？Picobot 模拟器会在它的“消息”框中通知你，机器人将停止运行。同样，如果有多条规则适用，Picobot 也会“抱怨”。

让我们回过头来讨论在状态 1 中做什么。没有规则指定 Picobot 在状态 1 中的行为——暂时还没有！就像状态 0 代表“向西”的任务一样，我们可以指定两条规则，使状态 1 代表“向东”的任务：

```
1 xxxx -> E 1
1 xExx -> W 0
```

Picobot 无法检测是否已经访问过某个单元格。这种限制是非常现实的。例如，Picobot 不知道某个区域是否已经清扫过。

这些规则会回到状态 0，从而创建一个无限循环，在空旷的一行中来来回回。试试看！请注意，Picobot 网站在随机选择的单元格中启动 Picobot。另外请注意，如果 Picobot 沿顶部或底部墙开始，那么没有规则匹配，不会移动。我们将在下一部分解决这个缺陷。

所以，下面是我们目前的 4 行“向西走向东走”Picobot 程序的总体情况：

```
0 xxWx -> E 1
0 xxxx -> W 0
1 xxxx -> E 1
1 xExx -> W 0
```

顺便说一句，这些规则的顺序无关紧要，因为我们编写了程序（正如 Picobot 所期望的那样），使得在给定时间只能应用一条规则。因此，我们可以按照希望的方式重新排列这些规则。例如，

我们可以这样写：

```
0 xxxx -> W 0
0 xxWx -> E 1
1 xxxx -> E 1
1 xExx -> W 0
```

图 1.5 展示了从几个不同的起始单元格开始运行该程序的结果。

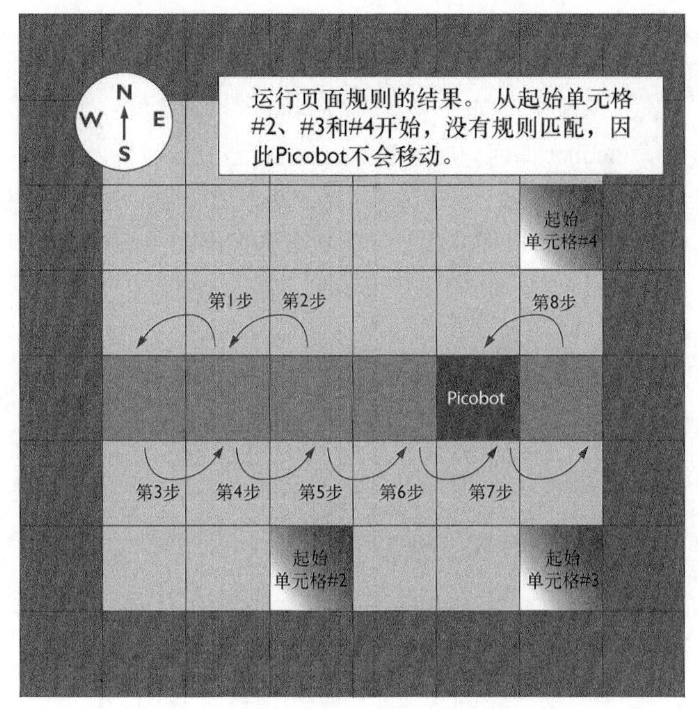

图 1.5　在 4 行程序上运行 Picobot 的结果

1.2.5　不管怎样

我们注意到，“向西走向东走” Picobot 程序有一个问题：如果它从某些位置开始，那么它不会在东西方向上横穿，因为我们提供的规则太具体了。例如，在图 1.5 中，单元格#2 的南方有一面墙，因此我们指定的规则都不适用，而 Picobot 只会保持不变。

向西走的时候，我们真的不在乎北方、南方或东方是否有墙。同样，当向东走时，我们并不关心北方、南方或西方的邻近单元格。通配符*表示我们不关心给定位置（N、E、W 或 S）的周围环境。下面更新的 Picobot 程序利用了通配符，指示 Picobot 永远从它开始的位置向东西行走（吸尘）：

Picobot 需要克服其“不关心”的态度！

```
0 **x* -> W 0
0 **W* -> E 1
1 *x** -> E 1
1 *E** -> W 0
```

最后，这里还有一个 Picobot“小技巧”：除了指定移动方向 N、E、W 或 S 外，你可以用大写字母 X 来表示“留在原地”。例如，规则

```
0 Nxxx -> X 1
```

是说：“如果我处于状态 0 并且北方有一面墙，请不要移动，而是进入状态 1。”

1.2.6 算法和规则

到目前为止，我们已经研究了如何编写让 Picobot 移动的规则。但是在尝试解决 Picobot 的问题时，更全面地了解 Picobot 如何完成其任务，然后将该方法转换为规则，这样通常很有帮助。换句话说，我们希望开发一种算法，让 Picobot 完成期望的任务，这通常是覆盖整个房间。在上一节中，Picobot 有一个较小的目标，即在一个空荡荡的房间里来回移动。完成此任务的算法步骤如下。

1. 向西移动，直到 Picobot 撞上西方的一面墙。

2. 然后向东移动，直到 Picobot 撞上东方的一面墙。

3. 然后返回步骤 1。

现在问题变成“如何将这个算法转化为上一节的规则？”

```
0 **x* -> W 0
0 **W* -> E 1
1 *x** -> E 1
1 *E** -> W 0
```

如上所述，很难看到算法步骤与 Picobot 规则之间的联系。我们可以看到，Picobot 需要两个状态来跟踪它正在移动的方向（即它是在步骤 1 还是步骤 2 中），但是仍然不清楚算法如何转换成精确的规则。从本质上讲，每条 Picobot 规则都以“如果-那么”的方式应用。换句话说，如果 Picobot 处于特定状态并且看到特定环境，那么它将采取某种行动，并可能进入新状态。通过一些小修改，我们可以重写上面的算法，更直接地采用 Picobot 的“如果-那么”规则结构。

永远重复以下步骤。

① 如果 Picobot 向西移动并且西方没有墙，那么继续向西移动。

② 如果 Picobot 向西移动并且西方有一面墙，那么就开始向东移动。

③ 如果 Picobot 向东移动并且东方没有墙，那么继续向东移动。

④ 如果 Picobot 向东移动并且东方有一面墙，那么就开始向西移动。

现在我们可以更清楚地看到，这个算法步骤与 Picobot 规则之间的直接转换：算法中的每个

步骤直接转换为 Picobot 中的规则，其中状态 `0` 表示“Picobot 向西移动”，状态 `1` 表示“Picobot 向东移动”。以这种方式制定算法，是在 Picobot 中编写成功程序的关键。

1.2.7 Picobot 的挑战

虽然“向西走向东走”的程序指示 Picobot 完全覆盖它开始的那一行，但本节的挑战是制定一套规则，指示 Picobot 覆盖整个矩形空房间，例如在图 1.2 和图 1.5 中的房间。无论房间有多大，无论 Picobot 最初从哪里开始，这套规则（即你的程序）都应该有效。

因为 Picobot 不能区分已访问的和未访问的单元格，所以它可能不知道何时已经覆盖了每个单元格。但是，在线模拟器将检测环境已经成功完整遍历并报告。

试试看。你可能会发现，简单地修改我们在这里给出的规则是很有帮助的。例如，你可以从更改图 1.1 中的规则开始，以便在清扫当前行后，它们会进入相邻行。但是，一旦你对如何解决问题有了思路，我们建议你规划你的算法，然后以某种方式表达该算法，以便轻松地转换为 Picobot 规则。

1.2.8 一个迷宫，朋友们

在你开发了一个完全遍历空房间的 Picobot 程序之后，请试着针对更复杂的环境编写另外的程序。你会在 Picobot 网页上看到“MAP”选项，可以在其中前后滚动查看我们创建的地图集合。你也可以使用鼠标单击一个单元格来编辑这些地图：单击一个空单元格将它转换为墙，然后单击墙将它转换为空单元格。请记住，无论 Picobot 从哪里开始，你的程序都应该有效。

一个特别有趣的环境是图 1.6 所示的迷宫。请注意，此迷宫具有特殊属性，即所有墙都连接到外边界，所有空单元格都与墙相邻。

图 1.6 Picobot 的迷宫

谢谢你没让我们听老掉牙的玉米地迷宫笑话。

具有这种属性的较小的迷宫如图 1.7a 所示。任何具有这种属性的迷宫都可以利用一种简单算法进行完全探索，即所谓的“右手规则”（如果你愿意，也可以用“左手规则”）。

设想是你在迷宫中，而不是 Picobot。与 Picobot 相比，你可以清楚地了解你朝向的方向，并且你有两只手。你开始朝北走，右手触摸墙壁。现在，只需确保右手始终接触墙壁，走过迷宫，就可以访问每个空单元格。暂停一下，让你自己相信这是真的。另外请注意，如果某些墙未连接到外边界，这个算法将不会访问每个单元格，如图 1.7b 中的迷宫所示；或者如果某些空单元格不与墙相邻，如图 1.7c 所示。

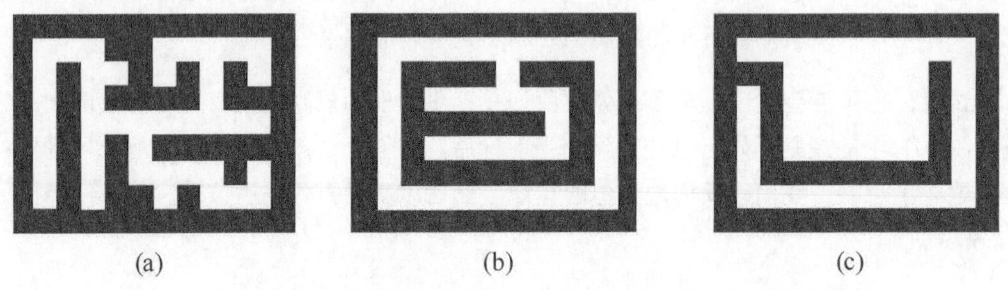

图 1.7 （a）所有墙都连接到外边界，且所有空单元格都与墙相邻的迷宫。（b）一些墙未连接到外边界的迷宫。（c）一些空单元格不与墙相邻的迷宫

将右手规则转换为一组 Picobot 规则是一项有趣的计算挑战。毕竟，你有方向感，且有右手引导你围绕墙壁走，而 Picobot 没有手也没有方向感。为了“教会”Picobot 右手规则，我们再次需要利用状态来表示 Picobot 朝向的方向。似乎必须考虑极其大量的情况，但事实上，情况的数量是有限的，并且实际上非常小，这使得可以针对这项任务对 Picobot 编程。

首先，使用 4 个状态 0、1、2 和 3 来表示朝向北、南、东和西的 Picobot 似乎很自然。现在，我们需要引入一些规则，让 Picobot 表现得好像右手触摸墙壁一样。

当然，所有空单元格都必须是可达的。如果某些单元格与其他单元格隔离，则问题实际上是不可能的。

假设我们处于状态 0，我们（任意）选择它代表 Picobot 朝向北方。那么 Picobot 想象中的右手朝向东方。如果东方有一面墙而北方没有墙，那么右手规则就会告诉我们向北前进一步并保持向北。向北前进一步没问题。“保持向北”意味着“保持在状态 0”。另一方面，如果我们处于状态 0 并且东方没有墙，那么 Picobot 应该向东走一步，并认为自己朝向东方。“朝向东方”将意味着转换到另一个状态，用于对这种信息进行编码。这是一个有趣的挑战，我们建议你在这里停下来尝试一下。（请记住，无论 Picobot 启动的位置如何，对于任意迷宫，只要所有墙连接到外边界并且所有空单元格都与墙相邻，你的程序都应该有效。）

1.2.9 不可计算的环境

能否编写一个 Picobot 程序，可以充分探索我们提供的任意房间？令人惊讶的是，答案是“不能”，并且可以用数学方法证明这一事实。Picobot 的计算能力不足以保证所有环境的覆盖率。但是，通过为 Picobot 添加一个简单的功能，可以对它编程，实现完全探索任意房间。这个功能就是沿途放置、感知和拾取“标记”。

像 Picobot 一样的基本的计算挑战将我们引向一些“可以证明无法解决的问题”。这一事实表明，计算和计算机远非无所不能。当你读完这本书的时候，将学会如何证明某些问题超出了计算机可以解决的范围。

关键术语

abstraction：抽象

algorithm：算法

data：数据

Python

software：软件

state：状态

syntax：语法

wildcard：通配符

练习

判断题

1．任何可以用右手规则完全探索的迷宫（也就是迷宫内的每个空单元格），也可以用左手规则完全探索，并且在左手规则中，Picobot 保持它想象的左手接触墙。

2．右手规则可用于充分探索任何迷宫。

3．可以编写一个 Picobot 程序，充分探索我们提供的任意房间。

讨论题

1．计算机科学中最有力的思想之一是自动重复：在任务完成之前反复执行相同的步骤。请描述一个真实世界的例子，其中你多次执行相同的事情来完成任务。

2．用你自己的话定义一个“Picobot 状态”的含义。

编程题

1．外星人想寻找一个 Picobot 程序，用于完全探索迷宫，其中所有墙都连接到外部边界，所有空单元格都与墙相邻。令人惊讶的是，有可能只用 4 个状态，每个状态只有 2 条规则，来编写这样的程序！请尝试编写这样的程序。

2．为 Picobot 模拟器中的其他一些“房间”编写 Picobot 程序。你会发现有些房间需要一个专门针对那个房间的程序。

第 2 章　函数式编程（第一部分）

2.1　人类、黑猩猩和拼写检查程序

直到最近，科学家还不确定，人类与黑猩猩或大猩猩之间，哪个关系更亲密。新技术和计算方法让我们能够解决这个问题。事实证明，人类与黑猩猩的关系比与大猩猩的关系更密切。人类和黑猩猩大约在 400 万到 600 万年前与他们的共同祖先分离，而人类和大猩猩在此前大约 200 万年时分离。科学家如何得出这个结论？关键证据涉及 DNA 的计算分析，遗传密码（或基因组）本质上是每个生物的“程序”。

你可能还记得生物课上提到，DNA 是一种分子序列，这些分子被亲切地称为“A”、“T”、“C”和“G”。每个生物体的每个细胞都有这些“字母”的一个长序列。该序列就是它的“基因组”。计算机科学家将字母序列称为“字符串”。

想象一下，我们正在比较人类 DNA 字符串（基因组）的特定部分与黑猩猩 DNA 字符串的相应位置。例如，在人类 DNA 字符串中我们可能会看到字符串“ATTCG”，而在黑猩猩 DNA 字符串中我们可能会看到“ACTCG”。人类和黑猩猩 DNA 字符串只在一个位置（第二个位置）上不同。现在想象一下，大猩猩在其基因组同一部分的 DNA 字符串是“AGGCG”。在这种情况下，大猩猩在两个位置（第二个和第三个）上与人类不同，并且在两个位置上也不同于黑猩猩（同样是第二个和第三个）。因此，大猩猩与人类的差异，比黑猩猩与人类的差异更大。这种分析（在更大范围内，利用更多的生物学知识来比较差异）让科学家能够推断物种何时分化。区分物种的关键计算是确定两个字符串（即它们基因组的 DNA 字符串）之间的相似程度。

让我们专注于那个计算基础：究竟如何衡量两个字符串之间的相似性？很高兴你提出这个问题！生物学家知道，DNA 随时间变化有 3 种基本方式。第一，基因组中的单个字母可以变为另一个字母，这称为“替换”。第二，可以删除基因组中的一个字母。第三，可以在基因组中插入一个新的字母。“相似性”的合理定义，是找到从第一个字符串到第二个字符串所需的最小数量的替换、插入和删除。例如，要从 DNA 字符串“ATC”到字符串“TG”，我们可以删除“ATC”中的“A”，从而得到“TC”。然后我们可以将“C”变为“G”，得到“TG”。这需要两次操作——这是我们在这个例子中最好的做法。我们说，这两个字符串之间的“编辑距离”是 2。

生物学似乎在编程方面领先于计算机科学！

有趣的是，这个问题也出现在拼写检查中。许多字处理程序都内置了拼写检查程序，可以

为你拼写错误的单词提供多种替代选择。例如，当我们在一个拼写检查程序中键入“spim”时，它为我们提供了一系列替代选择，其中包括“shim”“skim”“slim”“spam”“spin”“spit”和“swim”，等等。你可能会明白为什么推荐这些词：它们都是合法的英语单词，并且与“spim”只有一个字母不同。通常，拼写检查程序可能会检查其词典中的每个单词与我们输入的单词，测量这两个单词之间的差异，然后向我们显示最相似单词的简短列表。在这里，我们也需要一种方法来计算两个字符串之间的相似性。

例如，考虑一对字符串“spam”和“poems”。从“spam”到“poems”的一种方法是通过以下操作顺序：从“spam”删除“s”，得到“pam”（删除）；用“o”代替“a”，得到“pom”（替换）；在“o”之后插入“e”，得到“poem”（插入）；最后，在“poem”的末尾插入一个“s”，得到“poems”（另一个插入）。这总共需要 4 次操作。实际上，这是从“spam”到“poems”所需的最少操作次数。换句话说，“spam”和“poems”之间的编辑距离是 4。顺便说一句，你会注意到我们将编辑距离定义为从第一个字符串到第二个字符串所需的最小操作数。稍微想一下你就会相信，这与从第二个字符串到第一个字符串所需的操作数完全相同。换句话说，编辑距离是“对称的”，即它不依赖于我们从哪个字符串开始。

在本章中，我们的最终目标是编写一个计算编辑距离的程序。我们将从 Python 编程语言的编程基础开始，然后探索一种名为“递归”的“漂亮”技术。递归允许我们编写简短而强大的程序，来计算两个字符串之间的编辑距离，以及完成许多其他有用的事情。

2.2 Python 入门

Python 是一种编程语言，根据其设计者的说法，它旨在将“非凡的能力与非常清晰的语法结合起来”。事实上，在很短的时间内，你就能够编写解决有趣和有用问题的程序。虽然我们希望本章和后面的章节读起来都非常愉快，但除了自己亲手尝试，没有更好的方法来学习这些内容。因此，我们建议你经常停下来，在计算机上尝试练习本书中的例子。而且，这本书相对简短，重点突出。要真正消化这些内容，请务必完成本书的网站（https://www.cs.hmc.edu/csforall）上的练习，或完成教师布置的作业。

让我们开始吧！当你启动 Python 时，它会向你显示一个看起来像这样的提示符（或类似的东西，具体取决于你正在使用的 Python 环境）：

```
>>>
```

这是在邀请你输入内容。现在，让我们输入一些四则运算——实际上是将 Python 作为计算器。（我们很快会做更复杂的事情。）例如，下面我们输入了 `3 + 5`：

```
>>> 3 + 5
8
```

接下来，我们可以做更复杂的事情，比如：

```
>>> (3 + 5) * 2 - 1
15
```

请注意，括号控制操作的顺序。通常，乘法和除法的优先级比加法和减法更高，这意味着 Python 首先进行乘法和除法，然后进行加法和减法。所以，没有括号，我们会得到：

```
>>> 3 + 5 * 2 - 1
12
```

为了得到期望的结果，你总是可以用括号指定所需的操作顺序。

以下是 Python 中的一些四则运算的例子：

```
>>> 6 / 2
3
>>> 2 ** 5
32
>>> 10 ** 3
1000
>>> 52  %  10
2
```

你可能已经推断出/、**和%做了什么。具体来说，52%10，读作“52 模 10”，求得的值为 2（当 52 除以 10 时的余数）。像+、–、/、*、**和%这样的算术符号称为“运算符”。

我们暂停有规律的安排计划，来快速看一看除法，因为在 Python 中实际上有两种除法：

```
>>> 11 / 2
5.5

>>> 11 // 2
5
```

在第一个版本中，我们使用 / 符号进行除法运算，Python 做的事可能是你期望的。在第二个版本中，我们使用 // 符号进行除法运算，Python 做了“整数除法”，这意味着它给出的商将向下舍入为相邻的整数。

2.2.1 命名事物

Python 允许你为“值”（计算结果）指定名称。下面是一个例子：

```
>>> pi = 3.1415926
>>> pi * (10 ** 2)
314.15926
```

将 π 称为“变量”是不合理的！

在第一行中，我们将 pi 定义为 3.1415926。在第二行中，我们使用该值来计算半径为 10 的圆的面积。计算机科学家称 pi 这样的名称为“变量”，因为可以赋给它任何我们喜欢的值。事实上，如果我们愿意，可以稍后赋给

pi 一个新值。我们甚至可以赋给它一些疯狂的值，比如 42（如果我们打算用它来计算圆的面积，那可能不是一个好主意）。这里的要点在于，计算机科学意义上的“变量”与数学意义上的变量不同。理智的数学家从不会说数字 π 是一个变量！

请注意，= 符号用于为变量赋值。等号的左边是变量的名称。等号的右边是 Python 计算的表达式，然后将该值赋给变量。例如，我们可以这样做：

```
>>> pi = 3.1415926
>>> area = pi * (10 ** 2)
>>> area
314.15926
```

在这个例子中，我们在第一行中定义了一个名为 pi 的变量。在第二行中，我们对表达式 pi * (10 ** 2) 求值（其值为 314.15926），并将该值赋给另一个名为 area 的变量。最后，当我们在提示符下键入 area 时，Python 会显示该值。还要注意，在这个例子中，括号实际上并不是必需的：只是用它来提醒我们，哪些操作将首先完成。这样做通常是好主意，让你的代码对其他人来说更具可读性。另外请注意，等号表示一个动作，即更改左侧的变量（在本例中为 pi 或 area），使得它具有新值。该值可以在以后更改。重要的是要将这个符号与数学中等号的用法区分开来，在数学中，它意味着左右两边永远是一样的。在 CS 中，情况并非如此！

2.2.2 名称中有什么

Python 对变量的名称并不太挑剔。例如，将变量命名为 Joe 或 Joe42 是可以的。但是，不允许将变量命名为 Joe+Sally。你也许可以猜到原因：如果 Python 看到 Joe+Sally，它会认为你正在尝试对两个变量 Joe 和 Sally 的值求和。同样，存在一些内置的 Python 关键字（或保留字），它们不能用作变量名。如果你尝试使用它们，Python 将给出一条错误消息。不必列出不能用作 Python 变量名的那些词，而是要记住：如果你在尝试变量赋值时遇到一个 Python 错误，可能是因为你偶然发现了一个不允许的名称，这样的名称数量相对较少。通常，使用描述性变量名称来帮助其他人理解你的程序，这是个好主意。例如，如果变量将存储圆的面积，则称该变量为 area（甚至是 areaOfCircle）比称之为 z 或 x42b 或 harriet 之类的东西更好。

2.3 更多数据：从数字到字符串

本书的核心主题之一是数据。在 2.2 节中，我们使用了一种数据：数字。那很好，但数字并不是唯一有用的数据。在本章的其余部分，我们将介绍一些其他类型的数据，这些数据对于在 Python 中解决问题至关重要。实际上，在本章开头，我们注意到需要比较字符串。在 Python 中，字符串是引号内的任意字符或字符序列。Python 允许你用双引号或单引号环绕字符串。但是，无论你用单引号还是双引号，Python 始终以单引号显示字符串。下面有一些例子：

```
>>> name1 = "Ben"
```

```
>>> name2 = 'Jerry'
>>> name1
'Ben'
>>> name2
'Jerry'
```

同样，name1 和 name2 只是我们定义的变量。这些变量名称没有什么特别之处。虽然用字符串可以做很多事情，但我们想向你展示一些最重要的事情。在下面的例子中，我们假设已经定义了字符串 name1 和 name2，如上面所定义的那样。

2.3.1 关于长度的简短说明

首先，我们可以用 Python 的 len 函数求出字符串的长度：

```
>>>  len(name1)
3
>>> len('I love spam!')
12
```

在第一个例子中，name1 是字符串'Ben'，并且该字符串的长度是 3。在第二个例子中，字符串包含两个空格。空格是一个常规字符，它在长度中会被计数，就像感叹号也会被计数一样，因此总长度为 12。请注意，引号不计入字符串的长度，字符串是引号之间的内容。

2.3.2 索引

我们可以用字符串做的另一件事，是找到位于任何给定位置或索引的字符。在大多数计算机语言中，包括 Python，字符串中第一个字符的索引为 0。例如：

```
>>> name1[0]
'B'
>>> name1[1]
'e'
>>> name1[2]
'n'
>>> name1[3]
IndexError: string index out of range
```

请注意，尽管 name1（即'Ben'）的长度为 3，但根据 Python 计算的方式，字符位于索引 0、1 和 2 处。索引 3 处没有字符，这就是 Python 输出错误消息的原因。请记住，计算机科学家习惯从 0 开始计数，而不是从 1 开始。

2.3.3 切片

Python 允许你使用特殊的“切片”表示法，求出字符串的一部分。我们先来看一些例子：

```
>>> bestFood = 'spam burrito'
```

```
>>> bestFood[0:3]
'spa'
>>> bestFood[0:4]
'spam'
```

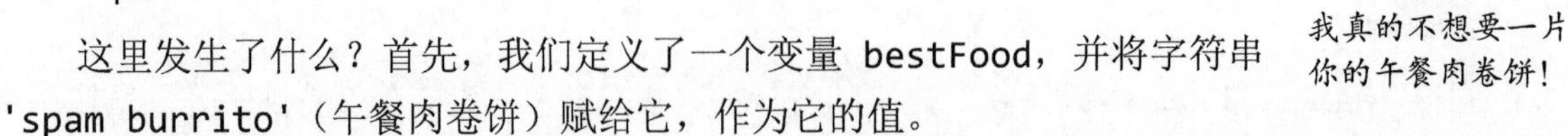

这里发生了什么？首先，我们定义了一个变量 bestFood，并将字符串'spam burrito'（午餐肉卷饼）赋给它，作为它的值。

表示法 bestFood [0:3]是一个切片。它告诉 Python 为我们提供字符串的一部分(或切片)，从索引 0 开始直到索引 3，但不包括索引 3。因此我们得到字符串一部分，包含索引 0、1 和 2 处的字符，这 3 个字符是 s、p、a，产生字符串'spa'。最后一个索引没有被使用似乎很奇怪，所以当我们请求切片 bestFood [0:3]时，实际上并没有得到索引 3 处的字符。事实证明，Python 的设计者选择这样做有一些很好的理由，我们稍后会讨论。顺便说一下，我们不必从索引 0 开始。例如：

```
>>> bestFood[2:6]
'am b'
```

这给了我们从索引 2 到索引 6 的字符串'spam burrito'的切片。我们也可以这样做：

```
>>> bestFood[1:]
'pam  burrito'
```

当我们在冒号后省略数字时，Python 假设我们的意思是“直到最后”。所以这就是说，“给了我们从索引 1 开始到结束的切片”。同样，我们可以做类似这样的事情：

```
>>>  bestFood[:4]
'spam'
```

因为在冒号之前没有任何东西，Python 假设我们的意思是“开头”，或索引 0。所以这个例子与 bestFood[0:4]相同。

2.3.4 字符串算术

字符串可以在 Python 中相加。两个字符串相加会产生一个新字符串，它就是第一个字符串后面跟第二个字符串。这称为“字符串连接”。例如：

```
>>> 'yum' + 'my'
'yummy'
```

既然可以做加法，那么也可以做乘法！例如：

```
>>> 'yum' * 3
'yumyumyum'
```

换句话说，'yum' * 3 实际上意味着'yum' + 'yum' + 'yum'，即'yumyumyum'：3 次连接'yum'。

2.4 列表

到目前为止，我们已经研究了两种不同类型的数据：数字和字符串。有时将一组数字或字符串“打包”起来很方便。Python 有另一种称为“列表”的数据类型，让我们可以做到这一点。下面是两个例子：

```
>>> oddNumbers = [1 , 3 , 5 , 7 , 9 , 11]
>>> friends = ['rachel' , 'monica' , 'phoebe' , 'joey' , 'ross', 'chandler']
```

在第一个例子中，oddNumbers 是一个变量，我们已经将该变量指定为包含 6 个奇数的列表。在第二个例子中，friends 是一个变量，我们赋给它包含 6 个字符串的列表。如果你键入 oddNumbers 或 friends，Python 将显示这些值当前存储的内容。请注意，列表以开括号“[”开头，以闭括号“]”结尾，列表中的每项都以逗号分隔。请看以下例子：

```
>>> stuff = [2 , 'hello' , 2.718]
```

请注意，stuff 是一个变量，被赋值为一个列表，该列表包含两个数字和一个字符串。Python 不反对在同一个列表中存在不同类型的数据！事实上，stuff 甚至可以包含其他列表，如下例所示：

```
>>> stuff = [2 , 'hello' , 2.718 , [1 , 2 , 3]]
```

多种类型的数据共同存在于同一列表中，这种能力称为“多态”（意为“多种类型”），这是函数式编程语言中的常见特征。

一些好消息

这里有一些好消息：几乎所有适用于字符串的内容都适用于列表。例如，我们可以求出列表的长度，就像求出字符串的长度一样：

```
>>>  len(stuff)
4
```

请注意，列表 stuff 包含 4 个元素：初始元素是数字 2，下一个元素是字符串'hello'，然后是数字 2.718，最后一个元素是列表[1, 2, 3]。索引和切片也对列表起作用，像在字符串上一样：

```
>>>  stuff[0]
2
>>>  stuff[1]
'hello'
>>>  stuff[2:4]
[2.718, [1, 2, 3]]
```

像字符串一样，列表也可以相加和相乘。两个列表相加会创建一个新列表，其中包含第一个列表中的所有元素，后跟第二个列表中的所有元素。这称为“列表连接”，类似于字符串连接。

```
>>> mylist = [1, 2, 3]
>>> mylist + [4, 5, 6]
[1, 2, 3, 4, 5, 6]
>>> mylist * 3
[1, 2, 3, 1, 2, 3, 1, 2, 3]
```

最后，值得注意的是，上面的连接示例

```
>>> mylist + [4, 5, 6]
```

中，实际上并没有改变`mylist`，而是给出一个新的列表，它是连接`mylist`和列表`[4, 5, 6]`的结果。你可以在Python提示符下键入`mylist`并确认它未更改，从而验证这一点：

```
>>> mylist + [4 , 5 , 6]
[1, 2, 3, 4, 5, 6]
>>> mylist
[1, 2, 3]
```

2.5 在Python中使用函数

我们已经介绍了Python的基础知识，即如何表示和处理几种类型的数据，包括数字、字符串和列表！接下来，我们将编写实际的程序。在本节和其余小节中，我们将始终想着最初激励我们的问题（计算编辑距离），通过查看一些例子，来帮助我们构建该问题的解。但是，我们不希望你因为只看一个问题而感到无聊，所以我们也会在此过程中引入其他一些有趣的问题。

我们从你熟悉和喜爱的事物的类比开始：数学函数。在数学中，函数可以看成一个“盒子”，它以一些数据作为输入或参数，并返回一些数据作为输出，我们称之为结果、它的返回值，或它的值。例如，函数$f(x) = 2x$有一个名为x的参数，对于我们“插入”x的任何值，都能得到一个2倍大的值。像在数学中一样，Python也允许我们定义函数。这些函数将一些数据作为输入参数，以某种方式处理该数据，然后返回一些数据作为结果。

举个例子，下面是一个Python函数，我们命名为`f`，它接受一个参数，我们称之为`x`，并返回`x`的2倍结果。下面是它在Python中的表示方式：

```
def f(x):
    return 2 * x
```

实际上，Python 函数不要求接受输入参数或返回结果。但目前我们将专注于接受某些输入并产生一些输出的函数。

在Python中，函数的语法使用特殊单词`def`，它是`define`的简写，这意味着“我正在定义一个函数”。然后是我们为函数选择的名称，在上面的例子中，我们将称之为`f`。并且在括号中给出函数的参数（就像数学中函数的定义一样！），然后是冒号（:）。接下来开始一个新行，缩进几个空格，最后开始该函数。在这个例子中，我们的函数计算 `2 * x`，然后返回它。单词 `return` 告诉函数 `f` 将该值作为函数的结果返回给我们。不要忘记在第一行之后缩进该行（或几行）。Python 要求这样做。我们稍后会再讨论缩进。定义好之后，我们就可以在 Python 解释器中运行这些函数：

```
>>>  f(10)
20
>>> f(-1)
-2
```

键入 `f(10)` 被称为“函数调用”，因为在这样做时，我们相当于输入 10 对 `f` 进行“调用”，并且要求 `f` 给出答案。当我们调用 `f` 时，Python 获取括号内的值并将它赋给参数 `x`。然后 Python 执行函数 `f` 中的语句或语句组，直到没有更多语句，或直到遇到 `return` 语句为止。在这个例子中，函数内只有一个 `return` 语句，它将 `x` 的值加倍，并将结果返回到调用函数的位置。

定义函数的最佳方法，是打开编辑器并在其中定义函数。确定之后，如果你使用 IDLE（Python 附带的开发界面），请转到“File”菜单并选择“New Window”。这会打开一个新窗口。现在你有两个窗口：最初的 Python 解释器和一个新的编辑器窗口（可以在其中键入你的函数定义）。你可以在编辑器窗口中进行编辑，使用箭头键和鼠标移动鼠标指针。完成函数定义后，使用“File”菜单的“Save”来保存文件。然后，单击“Run”，就可以在原始 Python 窗口中调用该函数了。

Python IDLE 环境以 Eric Idle 命名，Eric Idle 是 Monty Python 喜剧组的成员之一。

IDLE 只是一种可能的界面。无论你使用哪种界面，都会有一个编辑器（你可以在其中编写 Python 函数），以及一个执行环境或 shell（在其中运行你在编辑器中编写的 Python 代码）。Visual Studio Code（VS Code）是一种流行的免费界面，可在任何操作系统上运行，并支持编辑和执行。然而，还有很多其他界面。

我们曾说过，你基本上可以对你想要的函数任意命名（有例外，就像变量名一样，但列出它们意义不大）。在这个例子中，我们将该函数称为 `f`，类似于数学函数 `f(x)=2x`。老实说，使用更具描述性的函数名称通常会更好，就像我们对变量名提倡的一样，所以给该函数取 double 这样的名字会更好。

2.5.1 关于文档字符串的简短说明

一个函数是一个计算机程序。我们写了第一个程序！不可否认，一个数字加倍的程序也许不值得你向朋友和家人展示（但你这样做也没问题！）。但是，我们很快就会编写一些令人惊讶的程序。随着我们的程序变得越来越有趣，让用户能够快速了解程序的用途就非常重要。因此，我们编写的每个函数都将以所谓的“docstring”开头，它的意思是“文档字符串”。下面是带有文档字符串的“漂亮”加倍函数 `f`：

```
def f(x):
```

```
    ''' f takes a number x as an argument and returns 2*x. '''
    return 2 * x
```

文档字符串是以3个单引号或3个双引号开始和结束的一个字符串。如果加载这个Python函数，然后在Python提示符下键入help(f)，就会显示这个文档字符串。在你编写的每个函数中，总是应该包含文档字符串。

2.5.2 关于注释的同样简短的说明

文档字符串为程序用户提供了一种了解函数功能的方法。除了文档字符串之外，你应该总是给自己（程序员本人）或其他程序员留下一些小注解，它们被称为“注释”，解释了程序的内部细节。井号（#）后面的任何文本，Python都认为是注释。注释持续到该行结束。Python不会尝试阅读或理解注释（尽管如果它会就厉害了！）。需要明确，文档字符串和注释之间的区别，就在于文档字符串适用于该函数的用户。用户可能甚至不了解Python。注释允许编写该函数的程序员针对可能想理解或修改它的人，分享一些详细信息，说明代码的工作原理。

2.5.3 函数可以有多行

上面的函数f只有一个语句，它将其参数加倍并返回该值。但是，通常函数不仅限于单个Python语句，而是根据你的选择，可以包含许多语句。例如，我们可以编写函数f如下：

```
def f(x):
    ''' f takes a number x as an argument and returns 2*x '''
    twoTimesX = 2 * x    # this line does the doubling
    return twoTimesX
```

请注意文档字符串之后一行上的注释示例。另外请注意，当函数中有多个语句时，所有这些语句必须缩进相同数量的空格。文档字符串也必须以相同数量的空格缩进。这样Python就知道哪些语句是在函数内部，哪些不是。

你可能想知道f的哪个定义更好：之前一行的定义，还是刚才两行的定义。答案是两者都同样有效和正确。更喜欢哪个取决于你。有些人更喜欢一行的定义，因为它更紧凑，而其他人更喜欢两行的定义，因为他们更喜欢将中间计算的值存储到变量，而不是立即返回它们。编写程序总有不止一种方法！

2.5.4 函数可以有多个参数

就像在数学中一样，函数可以有多个参数。例如，下面是一个带有2个参数x和y的函数，返回x**2 + y**2：

```
def sumOfSquares(x,y):
    ''' computes the sum of squares of its arguments '''
    return x**2 + y**2
```

函数的输入参数不必是数字，它们可以是字符串、列表和许多其他数据类型。例如，下面是一个 mystery 函数。它需要两个字符串作为参数，返回另一个字符串。它在做什么？

```
def mystery(first, second):
    ''' this function  returns  a  mystery  combination  of  its inputs  '''
    mysteryString  =  first[1:] +  second[1:]
    return mysteryString

print( mystery('hello', 'world') )
```

这个 print 是什么？在 Python 中，print 是一个函数，它接受一个参数（例如，数字、字符串或任何其他值），并将它输出在屏幕上。在这个例子中，要输出的参数是 mystery 函数返回的内容。关于 print 有两个重要的注意事项。首先，它是一个函数，因此它的参数必须在括号中。其次，它与 return 有很大的不同。return 语句不是一个函数——它只是离开该函数，并将值传递给调用该函数的代码。相比之下，print 是一种在屏幕上显示值的函数。你可以在函数内多次使用 print。每个 print 都会输出函数返回的内容，然后该函数将从那里继续。另一方面，return 是强大的语句。遇到 return 语句的那一刻，函数返回值，这样就完成了函数调用，不会再执行该函数中的任何语句。

顺便说一下，上面的程序输出'ello orld'。看看你是否可以确定它是怎样做到的！

2.5.5 为什么要编写函数

此时你可能想知道，为什么我们要编写函数。如果我们想要计算两倍于 10 和-1 的值，那就输入下面的内容，而不是自找麻烦去定义函数，这不是更容易吗？

```
>>> 2 * 10
20
>>> 2 * -1
-2
```

在这个例子中，直接计算更简单，但总的来说（我们稍后会看到），函数执行的计算复杂得多，反复输入这些计算会很痛苦。函数允许我们“打包”一组计算，而我们知道需要反复执行这些计算。

还记得我们在第 1 章中对抽象的讨论吗？将计算打包到函数是一种形式的抽象。我们隐藏了细节（函数体内的确切计算），这样无论谁调用该函数，都可以关注它的最终结果，而不是计算结果的确切方式。

2.6 做出决策

到目前为止，我们的程序已经进行了简单的计算。但有时我们需要编写做出决策的程序，以便根据某些条件执行不同的操作。例如，要解决编辑距离问题，我们需要比较两个字符串中的字符，并根据这些字符是相同还是不同，来采取不同的操作。

在回到编辑距离问题之前，我们先考虑数学中的一个著名问题——“$3n + 1$”问题。它是这样的：考虑一个函数，以正整数 n 作为参数，如果 n 是偶数，则函数返回 $n/2$；如果 n 是奇数，则函数返回 $3n + 1$。该问题实际上是一个猜想，它指出如果我们从任意正整数 n 开始并反复应用该函数，最终这个过程将产生值 1。例如，从 $n = 2$ 开始，函数立即返回 1，因为 n 是偶数。从 $n = 3$ 开始，第一次应用该函数返回 10。将函数应用于 10 得到 5，再将函数应用于 5 得到 16，接着得到 8，然后是 4，再然后是 2，最后是 1。成了！

这个看似温和的小问题还有许多其他名称，包括“Collatz 问题”、“Syracuse 问题”、“Kakutani 问题”和“Ulam 问题”。到目前为止，没有人能够证明这个有许多名字的猜想总是正确的。事实上，在考虑了这个问题一段时间之后，数学家 Paul Erdos 曾经说过：“数学还没有为这些问题做好准备。”50 多年后，似乎仍然没有做好准备！

令人惊讶的是，一个小问题有许多名称。但还没有人解决它！

我们用 Python 编写了一个函数，然后你可以体验它！

```
def collatz(n):
    ''' takes a single positive integer as input argument and applies one step of the
        Collatz process to it '''
    if n % 2 == 0:
        return n // 2
    else:
        return 3*n + 1
```

在更详细地研究这个函数之前，让我们从表达式 `n % 2 == 0` 开始。回想一下，`n % 2` 就是 `n` 除以 2 时的余数。如果 `n` 是偶数，则除以 2 时的余数将是 `0`；如果 `n` 是奇数，则其余数为 `1`。

你们人类怎么知道 42？有人告诉过你吗？这是生命、宇宙和一切的终极问题的答案吗？我必须在网上查一下“42”，看到它是什么！

那么运算符`==`呢？你会记得，在赋值语句中使用单个等号（`=`），将等号右侧的表达式的值赋给左侧的变量。而运算符`==`做的事完全不同。它对`==`符号两侧的表达式求值，并确定它们是否具有相同的值。这种表达式总是求值为 `True` 或 `False`。你可以在这里暂停一下，并在 Python 解释器中试一试，看看 Python 对 `42 % 2 == 0`、`2 * 21 == 84/2` 或 `42 % 2 == 41 % 2` 有何见解。

特殊值 `True` 和 `False` 称为布尔值。值为 `True` 或 `False` 的表达式称为布尔表达式。顺便说一下，布尔值 `True` 或 `False` 既不是数字也不是字符串。它们是另一种数据类型，用于表示比较结果。

回到我们的 `collatz` 函数。它以 `if` 语句开头，紧接着 Python 关键字 `if` 之后的是布尔表达式 `n % 2 == 0`，然后是一个冒号。Python 将这个条件语句解释如下：“如果你给我的表达式（在这个例子中，`n % 2 == 0`）为真，那么我将完成以下几行缩进的所有事情。”在这个例子中，只有一个缩进行，并且该行表示返回值 `n // 2`。（注意，因为我们假设 n 是一个整数，所以我们使用//进行整数除法。实际上，另一种除法的形式，即/，在这里也有效。毕竟，我们计划仅当 n 为偶数时将 n 除以 2。）另一方面，如果测试的布尔表达式的值为 False，Python 将执行 else 之后的缩进行。你可以将它视为“其他”选项。在后一种情况下，函数将返回 `3 * n + 1`。

布尔表达式以英国数学家和哲学家 George Boole（1815—1864）命名。他在逻辑方面的工作构成了计算机科学和电气工程基础的一部分。

实际上，else 语句块不是必需的，有时我们可以不使用它。但不是所有时候都不用！在这个例子中，请看下面我们对 collatz 函数的小小修改：

```
def collatz(n):
    ''' takes a single positive integer as input argument and
        applies one step of the Collatz process to it '''
    if n % 2 == 0:
        return n // 2
    return 3*n + 1
```

如果 n 是偶数，那么这个函数计算 `n // 2` 并返回该值。返回该值会导致函数结束，这意味着它不再执行更多的语句。最后这一句很重要，这个概念经常令人困惑，所以我们再次强调它：**执行一个 return 语句总是会导致函数立即结束**。

另一方面，如果 n 是奇数，那么 Python 永远不会执行 `return n // 2` 这一行，因为表达式 `n % 2` 求值为 False。在这个例子中，Python 继续执行 if 语句块之后的第一行语句。也就是说，Python 继续执行 if 之后的下一个语句（与 if 的缩进级别相同）。在这个例子中，具有相同缩进级别的下一个语句是 `return 3*n + 1`。所以这个版本的函数的行为，与包含 else 的第一个版本完全相同。

即便如此，我们调查的 42 名 CS 学生中有 41 名主张使用 else，只是因为它更容易阅读和理解！

2.6.1 第二个函数示例

让我们考虑第二个函数，它与我们要解决的编辑距离问题关系更密切。接下来这个函数将确定，在两个字符串中，每个字符串中的第一个字符是否相同。下面两个例子是它有效工作的样子：

```
>>> matchFirst('spam','super')
True
>>> matchFirst('AAGC','GAG')
False
```

下面是编写 matchFirst 函数的一种方法：

```
def matchFirst(s1,s2):
    ''' compare the first characters in s1 and s2
    return True if they are the same.
```

```
    return False if they are not the same '''

    if s1[0] == s2[0]:   # test first characters for equality
        return True
    else:
        return False
```

与往常一样，编写程序的方法不止一种。看看这个较短的版本：

```
def matchFirst(s1,s2):
    ''' compare the first characters in s1 and s2
    return True if they are the same.
    return False if they are not the same '''

    return s1[0] == s2[0]
```

第二个版本是怎么回事？请记住，我们的目标是返回一个布尔值，即一个 `True` 或 `False`。表达式 `s1[0] == s2[0]`返回的是 `True` 或 `False`，无论是哪个，都是我们想要返回的值！所以语句 `return s1[0] == s2[0]`将产生我们想要的结果。

但是，`matchFirst` 函数的两个版本都有一个微妙的问题：对于某些参数，函数将无法工作。在你继续阅读之前，看看是否能找到出现问题的情况。

你找到了问题吗？当我们的一个或两个参数是空字符串（其中没有字符的字符串）时，Python 会“抱怨”。为什么？空字符串在索引 0 处没有字符，因为它根本没有字符！回想一下，索引 0 处的字符指的是字符串中的初始字符。当我们索引字符串时，实际上测量的是从开头到所需字符的距离，第一个字符是从开始算距离为 0 的字符！

我们可以用另一个 `if` 语句，检查其中一个或两个参数都是空字符串（长度为 0）的情况，从而修复这个问题。内置的 `len` 函数会告诉我们字符串是否长度为 0。这有点奇怪，但是长度为 0 的字符串根本没有字符，甚至在索引 0 处也没有字符。编写程序如下：

```
def matchFirst(s1,s2):
    ''' compare the first characters in s1 and s2
    return True if they are the same.
    return False if they are not the same '''

    if len(s1) == 0 or len(s2) == 0:
        return  False
    else :
        return s1[0] == s2[0]
```

现在，如果任意一个字符串为空，那么该函数将返回 `False`。请注意，这里的 `if` 语句中使用了连接符 `or`。它是说，“如果 `s1` 的长度为 `0` 或 `s2` 的长度为 `0`，那么返回 `False`。”

请注意，如果两个字符串都为空，那么 matchFirst 函数返回 False。你认为这是正确的结果吗？在这个例子中，如何更改该函数以返回 True？

Python 预期在 `if` 中测试的条件具有布尔值，也就是说，其值为 `True` 或 `False`。在这个例子中，`len(s1) == 0` 具有布尔值，它是 True 或 False。类似地，len(s2) == 0 也具有布尔值。连接符 or 是布尔“胶水”，就像加号（+）是算术“胶水”一样。正如加号将它左右两侧的两个数字相加并返回另一个数字（总和），or 符号会检查它左右两侧的布尔值，并给出另一个布尔值——如果其中一个布尔值为 True 就给出 True，否则给出 False。

顺便说一下，Python 还有另外一种布尔“胶水”，叫作 and。毫不奇怪，如果左右两个布尔值都为真，那么 and 就会给出 True，否则会给出 False。因此，如果两个字符串都为空，则以下语句为 True：

```
len(s1) == 0 and len(s2) == 0
```

最后，Python 有一个 not 符号，它用于“否定”一个布尔值，将 True 翻转为 False，将 False 翻转为 True。例如：

```
not  1  ==  2
```

将为 True。因为 1 == 2 为 False，所以其否定为 True。偶尔，我们可以混合搭配我们的“新朋友”，or、and 和 not。例如，表达式：

稍后我们会看到用另一种方法来写 not 41 == 42。

```
1 == 2 or not 41 == 42
```

将求值为 True。因为虽然 1 == 2 为 False，但 not 41 == 42 为 True，而对 False 和 True 取 or 的结果为 True。

2.6.2 缩进

我们曾提到，Python 对缩进很挑剔。在第一行（包含 def 那行）之后，Python 期望函数的其余部分缩进。我们在上面看到，缩进也用于显示哪些代码包含在 if 和 else 语句中。在 if 语句之后，如果表达式为 True，我们会缩进希望 Python 执行的一行或多行。类似地，在 else 之后应该执行的一行或多行也是被缩进的。

例如，下面是编写 collatz 函数的另一种方式。这种方式用一行来计算所需的值，然后在第二行返回它。大多数程序员不会用这种方式编写函数，因为它非常冗长。随着程序越来越复杂，包含这样的多行可能很方便（或有必要）。或者，即使在这个简单的例子中，如果你喜欢用这种方式来写，也不用担心！

```
def collatz(n):
    ''' takes a single positive integer as input argument
        and applies one step of the Collatz process to it '''
    if n %  2 == 0:
        result = n // 2          # Create a variable called result
        return result            # Now we return the value of result
    else:
        result = 3*n + 1         # Create a  variable called result
        return result            # Now we return the value of result
```

2.6.3 多重条件

我们曾提到，有时候我们使用 if 时没有相应的 else。另一方面，有时候对于 if 语句的测试条件，有多个替代选项是有用的。

再次考虑编辑距离问题。虽然我们还没有准备好解决整个问题，但可以在一个或两个参数字符串为空的情况下解决它。在这种情况下，两个字符串之间的编辑距离就是非空字符串的长度，因为它必然需要对空字符串进行多次插入（或者相反，从非空字符串中删除），直到让两者相同。

下面是一个函数，仅在这种简单情况下，解决了编辑距离问题：

```
def simpleDistance(s1, s2):
    ''' takes two strings as arguments and returns the edit
        distance between them if one of them is empty.
        Otherwise it returns an error string '''

    if len(s1) == 0:
        return len(s2)
    elif len(s2) == 0:
        return  len(s1)
    else:
        return 'Help! We don't know what to do here!'
```

我们来解剖一下这个函数。simpleDistance 函数首先检查字符串 s1 是否为空。如果 s1 为空，则函数返回 s2 的长度。如果 s1 不为空，则该函数用 elif 检查 s2 是否为空。如果 s2 为空，则返回 s1 的长度。最后，如果 s1 和 s2 都不为空，则当前函数返回一个字符串，报告它不知道该怎么做。

解剖？这是 CS 还是生物学？

请注意，如果两个字符串都为空，那么我们将返回 0，这是正确的答案！你知道为什么会返回 0 吗？

elif 关键字读作“else if”。仅当 s1 不为空时，才会到达该函数中的 elif。elif 是说“else（否则），if（如果）字符串 s2 为空，则返回 s1 的长度。”该函数中有一个 elif，但一般来说，在 if 之后，我们可以包含多个 elif 条件，想要多少就写多少。最后，我们可以包含零个或一个 else 语句——但不能超过一个！最后的 else 语句指定在前面所有条件都失败的情况下该怎么做。

返回一个字符串的函数没有错！返回意味着我们已经完成，即函数已经完成，我们在 return 语句中返回值。通常，你不希望函数在某些情况下返回字符串，而在其他情况下返回数值（就像这个 simpleDistance 目前所做的那样）。但是，在这个例子中，我们这样做是为了清楚说明每种情况下发生了什么。我们最终的编辑距离函数会总是返回一个数值。

计算机科学家总是开玩笑地声称他们的软件所做的任何事情都是一个“特征”——甚至让他们的错误听起来就像是有意为之并且是有用的！

if、elif 和 else 的多彩应用

1852 年，Augustus De Morgan 在给爱尔兰数学家 William Rowan Hamilton 的一封信中透露，他如何被他学生提出的一个问题所困扰：

> 我的一个学生今天要求我给出一个事实的证明，当时我不知道这是一个事实——现在仍不清楚它是不是事实。他说，如果一个任意划分的地图，隔开的区域颜色不同，使得具有共同边界线的任何部分的地图都有不同颜色——可能需要 4 种颜色，但不超过 4 种。

[Augustus De Morgan to William Rowan Hamilton, October 23, 1852, in Four Colors Suffice: How the Map Problem Was Solved, Robin Wilson.]

De Morgan 阐述了 4 色问题：多个区域的平面地图是否需要超过 4 种颜色，来确保相邻区域具有不同的颜色。这个问题一直困扰着 De Morgan，并且在 1879 年 Alfred Kempe 发表 4 色问题的证明之前，他就去世了。

Kempe 因其证明而获得好评。他当选为皇家学会会员，多年担任财务主管，并因其成就而被封为爵士。他还继续研究 4 色问题，发布他的证明的改进版本，并鼓励其他数学家这样做。

但在 1890 年，一位同事证明，Kempe 的证明（及其变体）都是不正确的，数学界应继续努力。4 色问题顽固地“拒绝”被证明，直到 1976 年，它成为第一个用计算机证明的主要数学定理。伊利诺伊大学的 Kenneth Appel 和 Wolfgang Haken 首先确定每张平面地图必定包含他们定义的 1936 个特定子地图中的一个。他们接下来证明，利用超过 1200 小时的计算机时间，这 1936 种情况中的每一种都不能构成该定理的反例。事实上，4 种颜色确实足够了！

他们的程序基本上使用了一个巨大的条件语句，其中包含 1936 次 `if`、`elif` 或 `else` 语句。这种情况分析在计算问题中非常普遍（尽管有 1936 种情况比我们通常遇到的情况更多）。正如早期的计算机科学家 Alan Perlis 所指出的那样，“评价一个程序员不是通过他们的聪明才智和逻辑，而是通过情况分析的完整性。”

我们猜 De Morgan 会感觉好一些，如果知道他无法回答的问题在超过一个世纪的时间内根本无法得到解答，而且涉及这么多情况！

2.7 递归

到目前为止，我们已经构建了一些强大的编程工具，这些工具允许我们做一些有趣的事情，

但我们仍然无法解决编辑距离问题，除了其中一个字符串为空的特殊情况。

那些我们真正关心的情况，两个字符串都不是空的怎么办？暂时假设，我们知道两个字符串都包含4个字符。在这种情况下，我们不需要任何删除或插入来从第一个字符串变为第二个字符串——我们只需要替换。例如，要从“spam”变为“spim”，我们只需将“a”替换为“i”。对于两个长度为4的字符串的情况，我们可以通过这种方式计算距离：

```
def distance(s1, s2):
    ''' return the distance between two strings,
        each of which is of length four. '''

    editDist  =  0

    if s1[0] != s2[0]:
        editDist = editDist + 1
    if s1[1] != s2[1]:
        editDist = editDist + 1
    if s1[2] != s2[2]:
        editDist = editDist + 1
    if s1[3] == s2[3]:
        editDist = editDist + 1

    return editDist
```

运算符`!=`（读作“不等于”）为等价的表达式`not s1[0] == s2[0]`提供了一种更“优雅”的替代表示方法。请注意，该`distance`函数首先将变量`editDist`设置为`0`，然后在每次找到一对不匹配的相应字符（因此需要替换）时，将该变量加1。顺便说一下，请注意我们用了4个`if`而没有用`elif`。你知道为什么`elif`会给出错误的答案吗？

此程序适用于4个字符的字符串，但当字符串更长或更短时它不起作用。而且，它不能处理插入或删除。我们可能会想到添加更多`if`来处理更长的字符串，但要添加多少？无论添加多少，对于足够长的字符串，我们仍然会遇到麻烦。为了处理任意长度的字符串（并增加处理插入和删除的能力），我们将使用一种“美丽”而“优雅”的设计策略，称为“递归”。

2.7.1 第一个递归示例：阶乘

在将递归应用于编辑距离问题之前，我们先去“拜访”一群外星人，他们从遥远的星球来到地球，为的是观看第二十部哈利波特电影的首映。

这是一次递归之旅！

目前，我们看到有42个外星人在排队。一个外星人自言自语地说，“我想知道有多少种不同的方法可以排列我们42个外星人？”

你可能知道答案：它是42 × 41 × 40 … 3 × 2 × 1，也称42的阶乘，写成42!。外星人有42种选择可以排在第一个位置，有41种选择可以排在下一个位置，依此类推。

然后外星人决定编写一个Python程序，来计算任意正整数的阶乘。外星人订购了一台笔记本电脑，一架无人机快速送到（可以在手机上编写 Python，但不好玩！）。不幸的是，即使用笔记本电脑，外星人也会为如何编写程序来计算阶乘而烦恼。我们指出阶乘具有一种优雅的属性："自相似性"。毕竟，$42! = 42 \times 41!$，而且一般来说，$n! = n(n-1)!$。也就是说，n 的阶乘可以表示为解决另一个较小阶乘问题的结果的 n 倍。这是一个"递归定义"——它用同一问题的较小版本来表示一个问题。因此，该定义在解中反复出现！

在编写计算阶乘的程序之前，我们先检查一下这个递归定义是否有效。设想我们用它来计算 3!。

根据递归定义，$3!=3 \times 2!$。所以现在我们要求 2!。再次使用相同的递归定义，我们看到 $2! = 2 \times 1!$。如果我们能求出 1! 是多少，就会很好。根据递归定义，$1!=1 \times 0!$。并且根据递归定义，$0!=0 \times (-1)!$。啊，不好了，这个过程永远不会停止！而且，我们对 0!或任意负数的阶乘并不感兴趣。

我们需要一个"逃生舱"！也就是说，递归需要一个规则来告诉我们何时停止这个递归过程。一个合理的停止位置是说，"当你遇到要计算 1!时，停止使用递归规则，并直接报告答案是 1。"这称为该递归定义的"基本情况"：它告诉我们何时停止应用规则。在决定是否应用递归规则之前，我们需要检查这个基本情况。

回到 3!的例子。我们注意到 $3!=3 \times 2!$，和 $2!=2 \times 1!$。这里，我们遇到了 1!，基本情况说"停止！我们知道 1!是 1"。所以 $1! = 1$。记住，是 $2! = 2 \times 1!$想知道 1!的值！所以现在我们将 1 代入 1!，确定 $2! = 2 \times 1 = 2$。但 $3! = 3 \times 2!$ 是想知道 2!的值，并且在耐心等待答案。所以现在 3! 确定它的结果是 $3 \times 2 = 6$。就是这样，我们用递归定义计算了 3!。

我们试着尽可能地在 Python 中记录递归定义。一开始可能看起来很奇怪，甚至完全错误，但让我们试试吧。下面是程序。运行它试试！

```
def factorial(n):
    ''' recursive function for computing
        the factorial of a positive integer, n '''

    if n <= 1:
        return 1
    else:
        result = factorial(n-1)
        return n*result

>>> ( factorial(5) )
```

看看这个函数，它似乎是从数学到 Python 的翻译。尝试运行此函数。5 的阶乘是 120，70 的阶乘大于宇宙中的粒子数，但 Python 很乐意计算它并输出结果。

该函数正确计算了阶乘函数，这个事实可能看起来既神秘又神奇。我们很快就会看到，这里没有魔法，甚至没有任何神秘之处！但是，就目前而言，我们姑且大胆地相信在运行此函数时，Python 会执行我们希望的操作。你的计算实验证实了你的大胆的相信，这个函数似乎确实对你所尝试的参数起作用（只要它们是正整数的！）。稍后，我们会回过头来解释清楚，这种递归为何有效以及如何核实必定有效。

典型的递归函数有两个主要部分。

- 基本情况：这是函数针对“最简单”参数返回的值，针对它没有额外的计算或自相似性。
- 递归情况：这是较小的、自相似的问题版本的解。计算方法是利用更小或更简单的参数来调用该函数，然后以某种方式，利用较小问题的解来解决原始问题。

在阶乘函数中，基本情况是当 n 为 1 时。在这种情况下，我们的函数就返回 1，因为 1 的阶乘是 1，这意味着我们完成了。递归步骤，即 else 语句中的部分，是计算 n–1 的阶乘，将结果乘以 n，并返回该值。

2.7.2 回到编辑距离函数

现在让我们回到编辑距离函数。考虑两个字符串保证长度相同的情况，这样就不需要使用插入或删除，但它们的长度可以是任何的——不只是 4。在这种情况下，编辑距离等于两个字符串中不同的位置数。我们用递归来表达这种情况。

当两个字符串都为空时发生基本情况——这是两个字符串具有相同长度的最简单情况。在这种情况下，编辑距离为 0，我们完成了。

如果基本情况不适用（也就是说，字符串长度相同，但非零），接下来发生的事情取决于两个字符串是否在索引 0 处匹配。如果它们不匹配，就需要一次替换，这对编辑距离的贡献为 1。然后我们必须比较两个字符串剩下的部分，以找出它们之间的差异数。这完全是相同的问题，除了两个输入字符串的第一个字符被切除！重申一下，如果索引 0 处的字符不匹配，则 s1 和 s2 之间的编辑距离是 1 加上 s1[1:]和 s2[1:]之间的编辑距离。（请记住，符号 s1[1:]是一个字符串，就像 s1 一样，只是索引 0 处的字符被切除。）

另一方面，如果两个字符串在第一个字符上匹配，则 s1 和 s2 之间的编辑距离就是 s1[1:]和 s2[1:]之间的编辑距离。这导致下面的函数：

```
def simpleDistance(s1, s2):
    ''' takes two strings as arguments and returns the edit
        distance between them if one of them is empty.
        Otherwise it returns an error string '''

    if len(s1) == 0:       # len(s2) must be 0 since the strings
                           # have the same length
        return 0           # this is the base case

    elif s1[0] != s2[0]:   # recursive step, case 1, with
                           # different  initial  characters
```

```
        return 1 + simpleDistance(s1[1:], s2[1:])

    else:                    # recursive step, case 2, with
                             # s1[0] == s2[0]
        return simpleDistance(s1[1:], s2[1:])
```

要点：考虑递归的秘诀就是问自己，“如果我对相同问题的稍小一点的版本有答案，这会有帮助吗？”如果答案是“有”，那么你可以写一个递归函数，它调用自己，得到稍小一点问题的答案，然后利用该结果来解决你的原始问题。

2.8 递归揭秘

2.8.1 调用函数的函数

本节将揭秘递归背后的“魔法”。递归是基本交互的一个例子，这种基本交互是所有软件的基础：函数通过调用其他函数，将部分工作委托出去。为了支持这一点，Python 留出了一个内存区域，称为“栈”。只要需要，这个栈就会记住每个函数的所有变量和值。

我们用一个挑战问题来说明这一点。请看下面两个函数，名为 demo 和 g，你能确定 demo(15)返回什么吗？（注意，在执行时，demo 会调用 g。）

```
def g(x):
    result = 4*x + 2
    return result

def demo(x):
    y = x//3
    z = g(y)
    return x+ y + z

>>> demo(15)
```

我们来跟踪 demo(15)的执行情况。对于每个函数调用，Python 都会留出部分栈，来保存该函数所有的变量和值。每个函数调用的区域称为“栈帧”。在对 demo(15)的调用的栈帧中，x 为 15（作为输入传入），并且在运行第一行代码之后，y 为 5，因为 x // 3 得到 5。目前，Python 不知道 g(y)的值是什么，因此当前情况如图 2.1 所示。

为了确定 g(y)的值，Python 将调用函数 g，输入值为 5（因为 y 当前为 5，由当前栈帧监视和保留）。

方向相同——好吧。但是，我们希望栈的增长速度不会像石钟乳那样！

Python 将如何执行 g(5)？它将构建一个新的栈帧！每次函数调用都会创建另一个栈帧，该栈帧将负责维护这个函数调用的所有变量和值。

请注意，在我们命名为 demo 和 g 的函数的原始定义中，函数 g 也将它的输入参数命名为 x。这种输入名称的复用非常普遍，通常非常自然，并且是栈使之成为可能！每次函数调用都有自己的内存区域，即它自己的栈帧。在运行 g(5)的第一行之后，栈现在看起来如图 2.2 所示，有两个栈帧。（传统上，栈向下“生长”，像石钟乳。）

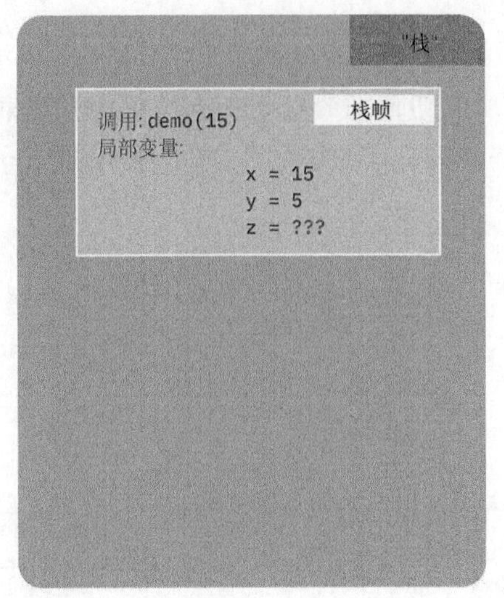

图 2.1　有一个栈帧的栈，用于调用 demo(15)

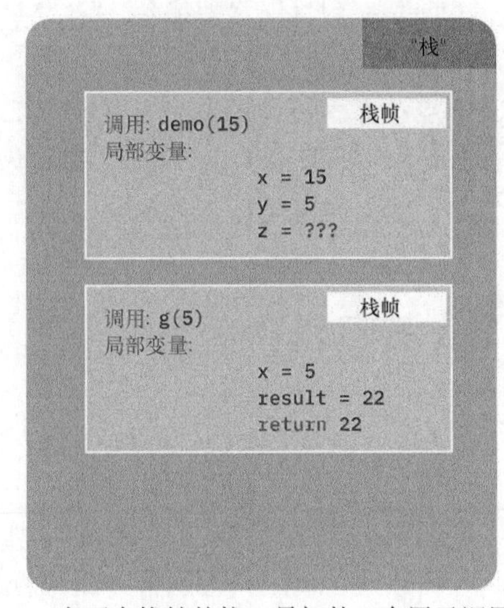

图 2.2　有两个栈帧的栈，最初的一个用于调用 demo(15)，之后又调用了 g(5)

请注意，栈内有两个名为 x 的变量，每个变量都有不同的值。栈“知道”，在 g(5)的执行中，名为 x 的变量的值为 5。它也“记得”，在 demo(15)的执行中，名为 x 的变量的值为 15。栈允许每个 Python 函数维护自己的一组变量和值，即使名称与其他函数中的名称相同。规模较大的软件系统可以包含数百万个函数。想象一下，如果每个函数使用的变量名都必须与其他所有函数中的不同，那有多可怕。

为 g(5)的调用中的 return 语句准备好传递其值 22。这个 22 返回到哪里？它返回到调用它的表达式。更确切地说，该返回值是发起这次函数调用的表达式的值。在这个例子中，返回值 22 是先前对 demo(15)的调用中的 g(y)的值。当函数返回时，它的所有执行都已完成，Python 将回收它的栈帧以供将来使用。z 赋值后，栈如图 2.3 所示。

此时，Python 大功告成了。它利用已保存的值计算 x+y+z，并在其栈帧中跟踪。结果值为 42，这个值返回给最初的调用，因此结果为 42。

```
>>> demo(15)
42
```

值得注意的是，一旦 demo(15)返回 42，它的最初的栈帧将被回收，使得栈成为一块白板，用于将来的函数调用，如图 2.4 所示。

这样，如果有更多的计算要执行，Python 就准备好了！确实还有更多——2.8.2 节从另一个角度介绍了多次函数调用。但这一次，只有一个函数。

魔术？递归！

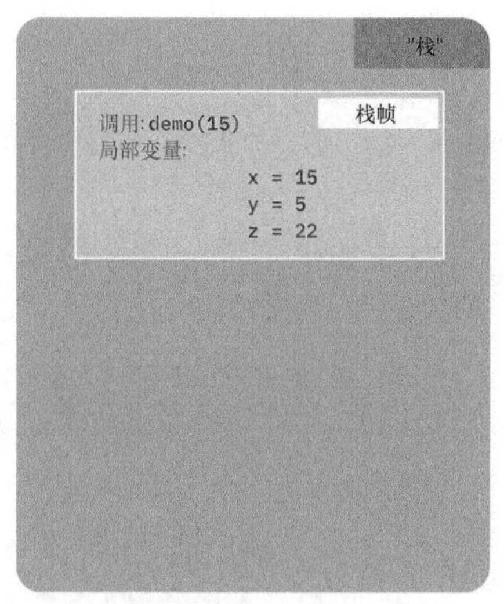

图 2.3 有一个栈帧的栈，最初的一个用于 demo(15)，在调用 g(5)返回之后

图 2.4 最初的栈帧被回收后的栈

2.8.2 递归，真正的揭秘

好的，现在回到我们的第一个递归函数 factorial：

```
def  factorial(n):
    ''' recursive function for computing
        the factorial of a positive integer, n '''
    if n <= 1:
        return 1                      # base case
    else:
        result =  factorial(n-1)  # recursive  case
        return n*result
```

下面是它的执行：

```
>>>  factorial(5)
120

>>>  factorial(3)
6

>>>  factorial(1)
1
```

2.8.1 节描述了 Python 如何利用栈来实现函数调用。关键思想是每个函数调用将自己的局部变量保存在自己的栈帧中。

这里发生的事情完全相同。我们来解释 Python 在做什么。首先我们运行 factorial(1)，然后再运行 factorial(3)。

2.8.2.1 基本情况：factorial(1)

首先考虑对 `factorial(1)`的调用。在这种情况下，会创建一个栈帧，且输入参数 `n` 赋值为 `1`，如图 2.5 所示。

`if` 语句测试是否 `n <= 1`，结果为 True。因此，`if` 的语句体运行，返回值 `1`，此时的栈帧情况如图 2.6 所示。

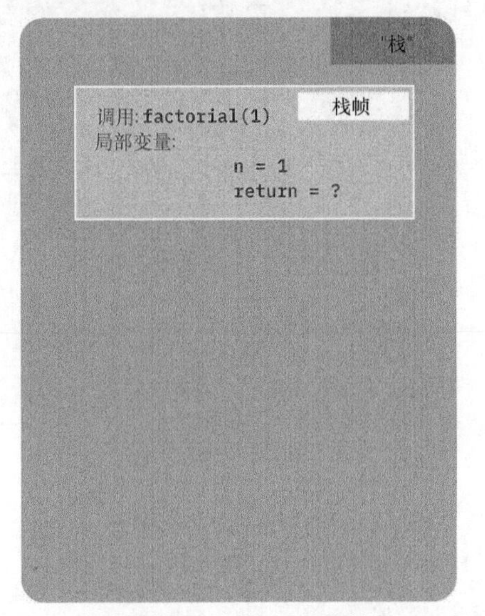

图 2.5 有一个栈帧的栈，这个初始栈帧用于调用 `factorial(1)`

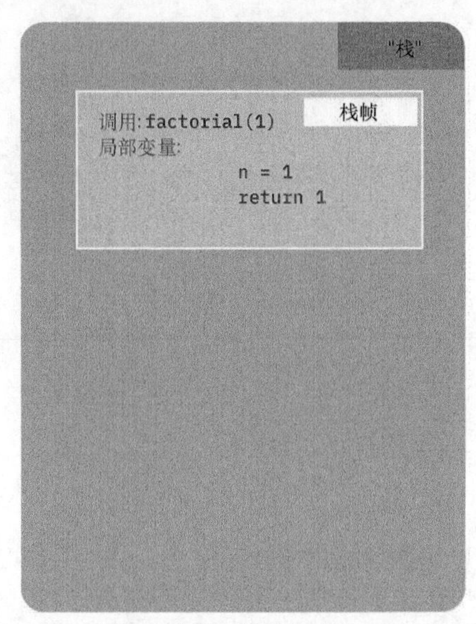

图 2.6 有一个栈帧的栈，这个初始栈帧用于调用 `factorial(1)`。执行到达 `return` 语句并准备返回 `1`。从这里返回 `1`

对 `factorial(1)`的这次调用演示了递归阶乘函数的“基本情况”。基本情况不会对 `factorial` 进行任何其他调用。它只是针对简单输入值返回正确的值。

2.8.2.2 递归情况：factorial(3)

现在考虑调用 `factorial(3)`。图 2.7 展示了初始调用后的栈。

我们来跟踪函数的执行。由于 `n` 大于 `1`，因此 `if` 语句的条件为 `False`。因此，`else` 块的语句体将执行。下一个语句是 `result = factorial(n-1)`。

注意，这里既非常熟悉，又非常奇怪。奇怪之处在于，被调用的函数就是我们所处的函数！但这又非常熟悉，因为这个语句就像 2.8.1 节中的 `demo` 示例。在那里，`demo` 调用了 `g`。在这里，`factorial` 发起另一次函数调用也不是问题——Python 只是创建一个新的栈帧，并继续执行！

请注意，所需的调用是 `factorial(n-1)`。由于 `n` 为 `3`，这意味着所需的调用是 `factorial(2)`。前进！图 2.8 展示了第二次调用后的栈。

Python 并不关心被调用的函数是否与调用它的函数完全相同，而是始终如一地工作，并说：“啊哈，一次函数调用！我将创建一个栈帧，以便将它的变量与所有其他函数调用的变量分开来放！”

然后 Python 开始执行 `factorial(2)`。请注意，栈在不同位置保存当前的事实 `n = 3` 和 `n = 2`。这两个语句都是正确的，但对应于不同的函数调用。函数调用 `factorial(2)`，并且因为 `2` 大于 `1`，所以在这种情况下将执行 `else` 块。

图 2.7 有一个栈帧的栈，这个初始栈帧用于调用 `factorial(3)`。这里还展示了递归调用的未知 `result`，以及尚未知的返回值

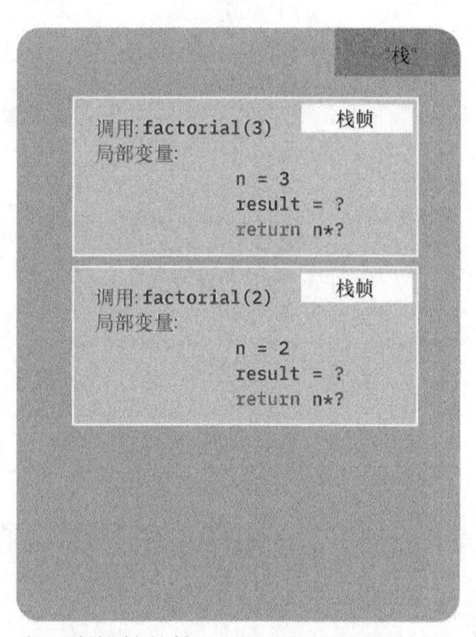

图 2.8 有两个栈帧的栈，对 `factorial(3)`的调用，以及对 `factorial(2)`的递归调用

之前创建新栈帧的情况再次发生——但对应不同的 `n` 值。现在所需的调用是 `factorial(1)`。图 2.9 展示了最后一次调用后的栈。

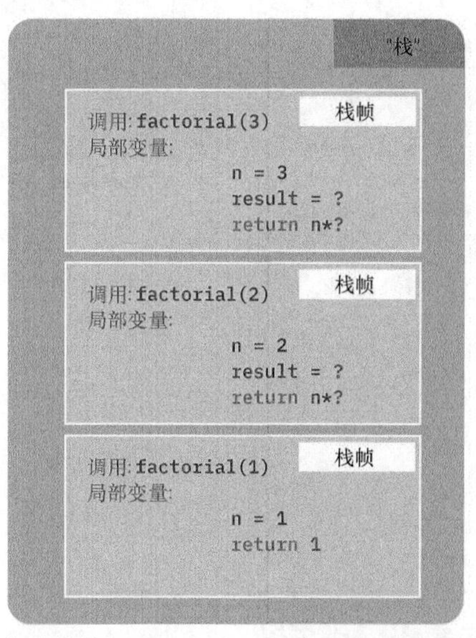

图 2.9 有 3 个栈帧的栈，对 `factorial(3)`的调用，对 `factorial(2)`的递归调用，以及对 `factorial(1)`的递归调用

请注意，最后一次函数调用与基本情况相同！在这种情况下，`n`（值为 `1`）会提示执行 `if` 语句块。结果，`factorial(1)`立即返回 `1`。它将该值返回到哪里？

它返回到请求它的函数调用，即中间栈帧，其中 n 是 2。该函数调用“请求”了 factorial(1) 的值，现在可以使用该返回值了。这个过程如图 2.10 所示。

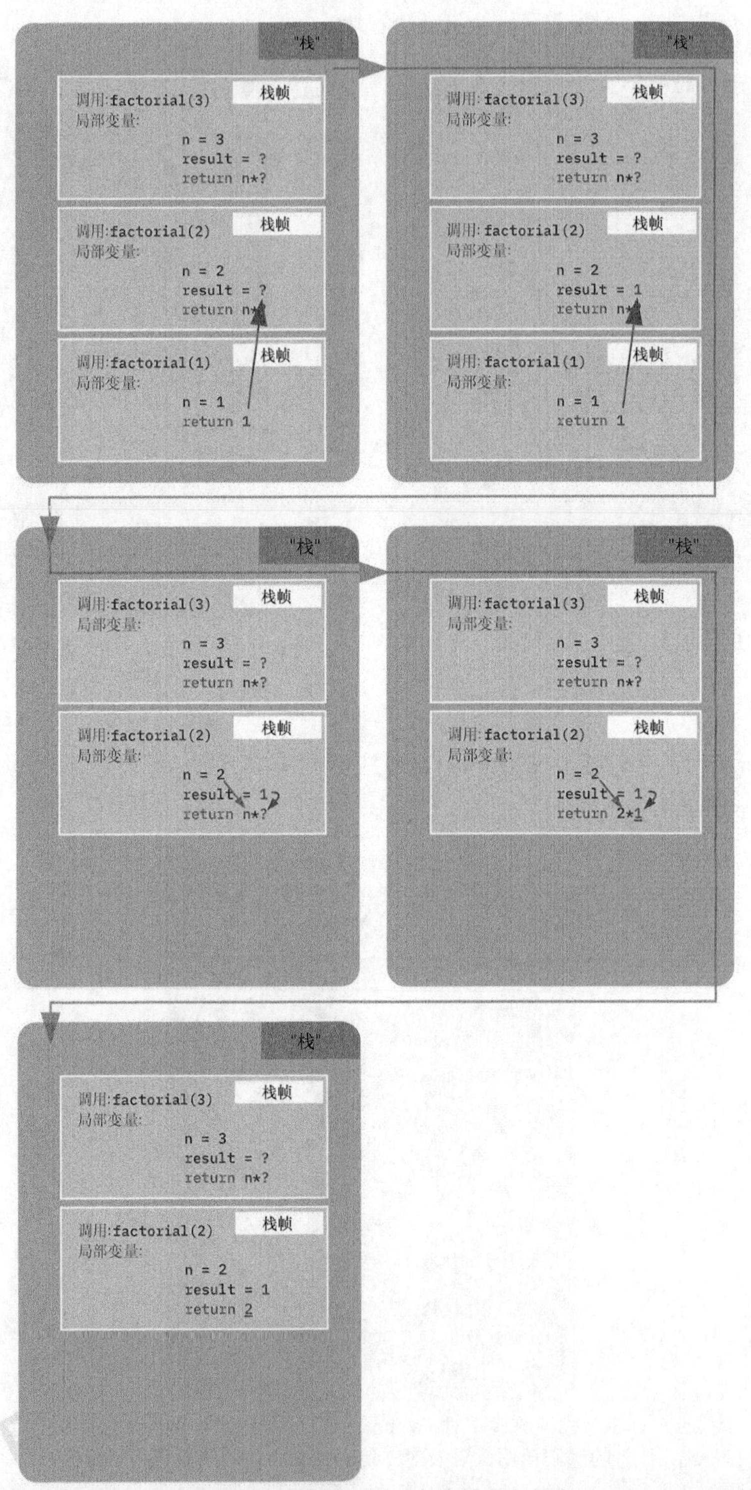

图 2.10　从 factorial(1)返回时的栈。第二个栈帧现在具有 factorial(1)的值，并且可以继续计算 factorial(2)。这里也展示了那些后续步骤。请注意，对 factorial(3)的原始调用仍在等待继续执行所需的值

在对 factorial(2)的调用结束时，返回值 2 已计算，并准备返回。返回值返回到哪里？和以前一样，它会返回到请求它的函数调用。在这个例子中，factorial(3)“请求”了 factorial(2)的值，它现在接收到该值，可以继续执行它需要的步骤。图 2.11 描述了这一系列步骤。

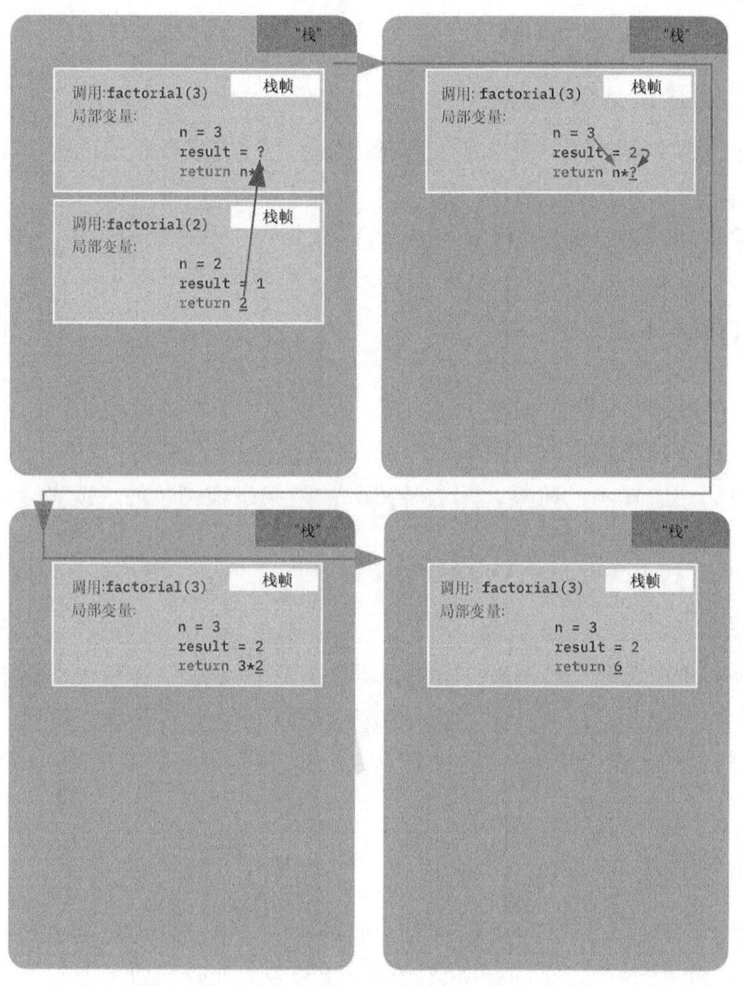

图 2.11 从 factorial(2)返回时的栈。初始栈帧现在得到 factorial(2)的值，并且可以继续计算 factorial(3)。这里也显示了后面的步骤

这里，返回的值被赋给变量 result。请注意，这发生在初始的栈帧中。该栈帧已经小心地“记住”了 n 的值，即 3。它继续执行，计算乘积 n*result，得到 6。当它返回时，会在调用它的提示符处输出结果值：

```
>>> factorial(3)
6
```

上面的输入/输出可能看似普通且符合预期，但现在你已经完全了解了 Python 为计算结果所做的工作！图 2.12 提供了整个过程的摘要。

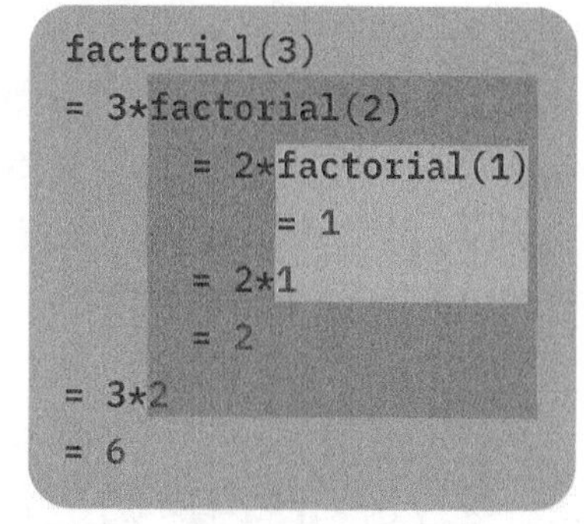

图 2.12 总结计算 factorial(3) 的整个过程

要点：递归并不神奇！实际上，递归就是一个函数调用另一个函数，但恰好被调用的函数与调用函数的名称相同。

2.9 我们来使用递归吧

递归可能让你感觉不自然，但它是表达自相似性的有力手段。通过更多的例子和一些练习，你会感觉更加实在。本节展示有多少问题表现出这种自相似性，并且可以利用递归优雅地解决。

或者“re-curse”（反复诅咒），这可能会在递归设计时产生……

2.9.1 递归设计

在设计递归函数时，使用的策略就是：确定解决较小版本的问题如何让我们更接近解决原来版本的问题。这个较小版本与原来版本相似，但输入更接近基本情况。对于阶乘，我们已经观察到，如果我们知道 n–1 的阶乘，那么计算 n 的阶乘是很简单的。或者，用一行表示：

```
factorial(n)  is   n  *  factorial(n-1)
```

只要我们考虑到基本情况！

当问题包含较小版本的自身时，就说它具有“递归子结构”。计算一个数字的阶乘可以看作是首先计算一个稍小的阶乘问题，然后做一些额外的工作来完成计算。寻找递归子结构是函数式编程和递归设计的艺术。

2.9.2 基本情况

如果你熟悉归纳法证明，可能会注意到，归纳法证明中的基本情况类似于递归函数中的基本情况。事实上，你可能已经注意到递归和归纳法本质上非常相似。

没有基本情况，递归解决方案永远不会停止。问题通常只有一种基本情况，就像上面的阶乘示例。然而，不少问题不止一种基本情况。当你考虑问题的递归子结构时，有必要问自己，“这个问题必须处理的最简单或最基本的输入是什么？”对于阶乘，1!是那个基本情况，1! = 1。我们也可以将 0!=1 定义为基本情况，并且这会在逐步执行中“再叠加”一个栈帧。对于为什么 0!的值应该是 1，数学家有一个很好的解释！所以如果你好奇，请问一位数学家！

你们地球人是发明 0 的天才。我从没见过！

2.9.3 使用递归进行设计

让我们通过递归来练习设计技巧。想象一下，我们想要编写一个函数 reverse，它以一个字符串作为输入参数。顾名思义，reverse 的目标是返回该输入字符串的反转——也就是说，反转顺序的该字符串的所有字符。因此，如果我们对'spam'调用此函数，它应该返回字符串'maps'。如果我们给它'alieN'，它应该返回字符串'Neila'。让我们展示这个尚未编写的函数 reverse 的这些例子：

```
>>> reverse('spam')
'maps'

>>> reverse('alieN')
'Neila'
```

你知道 Neila 是西班牙的一个小镇吗？人口数大约是 235。

首先，让我们寻找递归子结构或自相似性。对于字符串'spam'，我们注意到如果删除第一个字符，会得到字符串'pam'。如果我们反转'pam'（利用递归），就会得到'map'。然后，我们可以将删除的's'添加到右侧，从而得到'maps'——我们就完成了！图 2.13 描述了这些步骤。

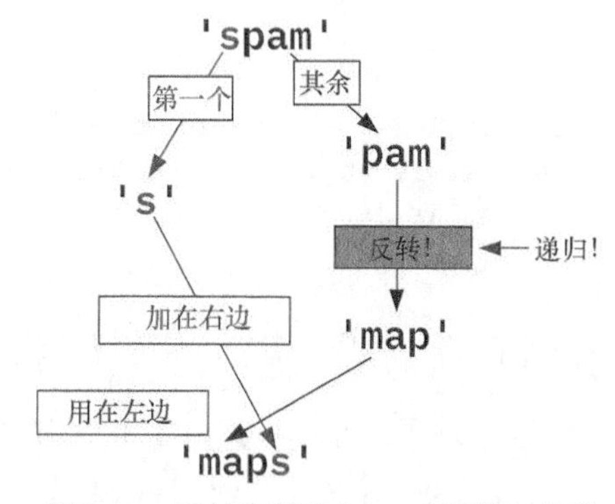

图 2.13 反转字符串'spam'的递归结构

这个过程的关键是：（1）将输入分成几部分；（2）在这些部分中识别自相似性有用的地方；（3）重新组装解。

在用 Python 表示图 2.13 之前，让我们考虑一种或几种基本情况。什么是函数 reverse 必须处理的最简单的输入？也许是一个单个字符串，如'm'或'Z'？事实上，有一个更简单、更小的输入！空字符串（即根本不包含字符的字符串）是最简单的字符串。空字符串表示为引号：''。请注意，这与单个空格的字符串不同，单个空格的引号之间有一个字符（空格）：' '。事实上，Python 的内置 len 函数可以说明它们的不同之处。你可以在 Python 提示符下尝试这些操作：

```
>>> len('')   # the empty string has length  0
0

>>> len(' ')  # the string of one space has length  1
1
```

一个好的方面是空字符串的反转仍是一个空字符串。我们承认对于长度为 1 的字符串也是如此。无论哪种方式，我们都有一种基本情况——问题的一个小实例，它将成为构建我们的复杂解决方案的基础。下面是我们用 Python 写的 reverse 函数的开始，只表示了基本情况：

```
def reverse(s):
```

```
    """ inputs s, a string; returns the reverse of the input """
    if len(s) == 0:
        return ''
```

写成这样，这个 reverse 函数就能工作，至少对应一种输入：

```
>>> reverse('')
''
```

这不是编写基本情况的唯一方法！有许多等价的写法。例如，if s == '':也可以，return s 也行，因为在这种情况下，s 是空字符串。

让我们利用图 2.13 的思路来添加递归：

```
def reverse(s):
""" inputs s, a string; returns the reverse of the input """
if len(s) == 0:
    return ''
else:
    first = s[0]          # first is 's' if variable s = 'spam'
    rest = s[1:]          # rest is 'pam' if variable s = 'spam'
    rec = reverse(rest)   # rec is 'map'
    return rec + first    # returns  'maps'
```

这些注释利用我们的第二个例子（s = 'spam'），提供了该过程的指导。试试看！

这段代码在 else 语句块中分别处理了 4 个值，其中 3 个给出了名称：first、rest 和 rec。好处有两方面。首先，它给出了名称，我们可以用这些名称来描述如何分解输入，例如 first 和 rest。其次，它还强调了递归发生在较小的输入（rest = 'pam'），而不是原始输入（s = 'spam'）。变量的开销不大，而且很有用——请多使用变量！

编写 reverse 时，可以不为每个概念提供变量，但仅当你对所涉及的概念熟悉时，才能这样做！例如，以下版本的 reverse 是等效的：

```
def reverse(s):
    """ inputs s, a string; returns the reverse of the input """
    if len(s) == 0:
        return ''
    else:
        return  reverse(s[1:])  +  s[0]
```

虽然整体较短且作用相同，但这个版本的可读性远低于前一版本。可读性至关重要。第二个版本可能略微有一点速度优势，但这不能保证——这取决于 Python 的版本。更重要的是，可读性总是优先于效率！

现在让我们从反转'spam'切换到反转'alieN'，看看稍微复杂一点的计算。我们将在一张图中总结（如图 2.14 所示），而不是画出这个例子的所有栈帧。

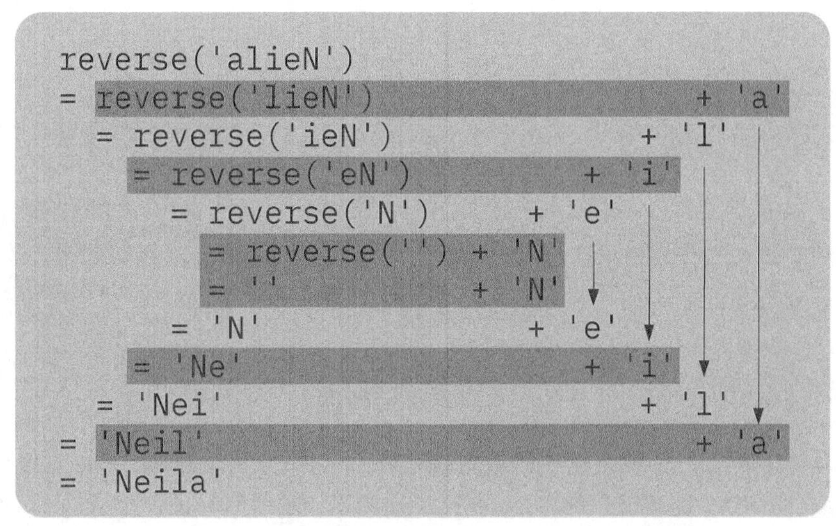

图 2.14 计算 reverse ('alieN') 的整个过程

2.9.4 递归模式

上面的 reverse 示例展示了递归设计中常见的几种模式。

- 将输入分解成部分——常常是 first 和 rest，或类似的东西。
- 对 rest 部分进行递归。
- 按照特定于问题的方式，将递归调用的结果与 first 组合起来。
- 记住（并推理）基本情况，有时可能需要几种基本情况。

对于数字递归，first 和 rest 可能是诸如 n 和 n-1, n-2, …, 1 之类的值，而不是子字符串。对于其他问题，first 和 rest 可能是列表和子列表的元素。或者它们可能包含完全不同的其他结构——但设计倾向于遵循这样的思路。我们会看到这些模式一次又一次地出现。它们有时被称为“直线递归”或“线性递归”。函数之间的不同之处在于，对递归调用的结果如何处理，以及每种情况下返回什么。

但递归提供的模式（及其性能）不限于 first 和 rest 的直线分解。2.10 节将展示“分支递归”，即同时组合多个递归调用。

2.9.5 可视化工具

跟踪递归函数执行时所采取的步骤是有启发性和有益的。一些网上教程针对任何你想探索的函数（递归或非递归），提供了逐步显示的内容，包括所有栈帧和变量值。随着程序员对递归的信心增强，他们开始大胆地相信递归调用会按预期工作。2.10 节我们开始这样做，因为我们会开发更多的函数和复杂的示例，例如本章前面提到的编辑距离的挑战。

2.10 取之弃之

让我们扩展递归工具包，来帮助三眼外星人。在世界各地购物后，他们得到了太多物品，太空船带不动！由于对任意特定物品没有太多的感情（毕竟这都是地球的东西），外星人希望选择他们的一部分物品，其总重量尽可能接近他们的太空船的载重量。（他们将租用存储空间放其余物品。）

找到尽可能接近容量限制的值的子集，这个问题称为“子集和问题”。

举一个具体的例子，假设太空船的载重量是 42 个单位，所以目标是 42。假设得到的物品重量为 5、10、18、23、30 和 45 个单位。在这种情况下，我们最好选择重量为 18 和 23 的物品，总重量为 41。另外，如果还有一个重量为 2 的物品，我们可以通过选择重量为 2、10 和 30 的物品，总重量正好是 42。

我们的目标是编写一个函数 subset，它带有两个输入参数。第一个输入是“容量”，即一个代表太空船容量的数字（大于或等于 0）。第二个输入是表示物品重量的正数列表（无特定顺序）。然后，函数 subset 应返回在不超出太空船容量的情况下，可选择的最大总重量。以下是这个尚未编写的函数的两个示例：

```
>>> subset(42, [5, 10, 18, 23, 30, 45])
41
>>> subset(42, [2, 5, 10, 18, 23, 30, 45])
42
```

我们首先考虑基本情况。subset 函数能够立即返回结果的简单情况是什么？好吧，如果可用容量（即子集）为 0，我们不能取任何物品，所以我们应该返回 0。这表明可以承载的最大总重量是 0。我们可以这样开始：

```
def subset(capacity, items):
    """ Given a capacity and a list of positive-number items, subset
        returns the largest sum that can be made from the items
        _without exceeding capacity_. """

    if capacity == 0:
        return 0
```

实际上，如果容量小于 0，我们也可以返回 0。我们在下面会这样做。但还有一种简单情况我们没有处理。如果物品列表为空怎么办？在这种情况下，我们也不能取任何物品。我们在 if 语句之后用 elif 处理这个：

```
if capacity == 0:
    return 0
elif items == []:
    return 0
```

换一种方法，如果容量小于或等于 0，或者如果列表为空，我们计划返回 0。因此我们可以创建一个 if 语句，如下所示：

```
if capacity <= 0 or items == []:
    return 0
```

我们主张首先处理基本情况，因为这有助于我们推理问题可能造成的许多不同情况。它还处理了“简单的”或至少非递归的情况。这里，subset 有两个输入参数，我们可以预期（至少）有两种基本情况要处理：两个输入参数中的任何一个都可以是“简单的”（容量为 0 或更小，或列表 items 为空）。通常，基本情况的数量等于函数的参数数量。

现在来到了递归！在这个太空船容量问题中，自相似的子结构是什么？first/rest 模式似乎很有希望：我们可以认为 first 是 items 的第一个元素，即 items[0]；然后认为 rest 是其余元素，即 items[1:]。这样我们有了 first 和 rest。那么，一个自然的问题是，我们是否想取第一个元素，即 first = items[0]？

说实话，这个问题的答案取决于很多事情。例如，如果第一个元素大于整个可用容量怎么办？那么我们绝对不能取之，我们必须在放弃第一个元素的情况下解决问题。但这就是仅用 rest 的递归！

以下是我们到现在为止取得的进展：

```
def subset(capacity, items):
    """ Given a capacity and a list of positive-number items, subset
        returns the largest sum that can be made from the items
        without exceeding  capacity. """

    if capacity <= 0 or items == []:
        return 0

    first = items[0]
    rest = items[1:]

    if first > capacity:
        return subset(capacity, rest) # we lose the first completely
```

如果第一个元素等于容量，我们就完成了！我们可以返回该容量：

```
if first ==  capacity:
    return capacity      # we use the first - and are done!
```

但是，如果第一个物品，items[0]小于容量怎么办？那样，我们既可能取，也可能弃。如果不查看列表中的其他元素，我们就无法知道。以下是一些需要考虑的示例。

- 一方面，如果 capacity = 10 且列表 items = [8,4,6]，那么我们可以“取”第一个值为 8 的物品，但这会阻止我们添加更多物品。更好的解是不取它，而是取值为 4

和 6 的物品组合作为解，总值为 10。

- 另一方面，如果 capacity = 10 且列表 items = [4,8,6]，那么我们确实要“取”第一项，并“弃”第二项，然后“取”第三项，得到最佳可能值 10。

所以我们对第一个元素的问题是“我们应该取之还是弃之？”这里的“之”是指列表中的第一个元素。在第二个例子中，我们可能需要“取之”作为正确的解。而在第一个例子中，我们也可能需要在构建正确的解时“弃之”。总之是没有办法提前知道。

在这里，递归提供了一种非凡的方法：两者都做，看看哪一个给我们更好的解！也就是说，我们取第一个元素来求解该问题，并且弃第一个元素来求解该问题。这两种可能的解中有一种更好！找到两者后，我们将比较它们，找到正确的，然后返回。

让我们看一下这种“取之弃之”的方法，然后进行分析：

```
def subset(capacity, items):
    """ Given a capacity and a list of positive-number items, subset
        returns the largest sum that can be made from the items
        _without exceeding capacity_. """

    if capacity <= 0 or items == []:
        return 0

    first = items[0]
    rest = items[1:]

    if first >  capacity:
        return subset(capacity, rest)    # we lose the first completely

    if first ==  capacity:
        return capacity           # we use the first - and are done

    if first <  capacity:
        useit = first + subset(capacity-first, rest)     # use it!
        loseit =        subset(capacity, rest)           # lose it!
        return max(useit, loseit)
```

顺便说一下，函数 max 是 Python 内置的。它接受任意数量的参数，返回所有参数中的最大值。函数 min 也是内置的。在这个例子中，我们用 max 来返回两个选项（useit 或 loseit）中更好的一个。让我们仔细看看这两个选项。

- loseit 值确实“弃”了第一个元素。它只是（利用递归）找到列表其余部分 rest 中不超过容量的最大值。请注意，这与我们在 first > capacity 时返回的值完全相同。

- useit 值确实“取”了第一个元素——它已被添加！它不一定是唯一取的元素，但因为取了它，我们需要从剩余的容量中减去它的值！我们从容量 capacity 中减去了它的值，然后利用递归找到从其余值中取的最大容量。这由 subset(capacity-first, rest)表示。

useit 或 loseit，其中之一必定是正确的解。毕竟，要么我们取 items 的第一个元素，要么不取。

在计算两个可能的解（useit 和 loseit）之后，我们返回较大的解，因为 subset 的目标是返回不超过容量的最大可能值。我们也一直小心不要让 useit 或 loseit 变得超过容量。

“取之弃之”方法是一种强有力的策略。它与 2.9 节中的示例不同，因为它每次都会进行两次递归调用，而不是一次。因此，“取之弃之”最终探索了从 items 列表中构造解的所有可能方法。通常，items 中的每个元素都会产生两次对 subset 的调用。如果 items 有 n 个元素，则最多可以产生 2^n 次递归调用。在以下两个示例中，你可以想象针对每个元素做出的选择——取之弃之（我们建议你通过在线搜索“Python visualizer”找到可视化工具，并使用它）。

首先考虑第一个例子：

```
>>> subset(42, [5, 10, 18, 23, 30, 45])
41
```

在上面的例子中，所采取的选择序列是[弃之，弃之，取之，取之，弃之，弃之]。但请记住，所有 2^6=64 种选择序列都已考虑在内，那个序列恰好会产生最好的结果。

现在考虑第二个例子：

```
>>> subset(42, [2, 5, 10, 18, 23, 30, 45])
42
```

在这里，所采取的选择序列是[取之，弃之，取之，弃之，弃之，取之，弃之]。但同样，考虑了所有可能的选择，在这个例子中是 128 种。

这种“分支递归”提供了强大的能力，形式非常简洁！例如，可以更简洁地写出来：

```
def subset(capacity, items):
    """ Given a capacity and a list of positive-number items, subset
        returns the largest sum that can be made from the items
        _without exceeding capacity_. """

    if capacity <= 0 or items == []:
        return 0
    elif items[0] > capacity:                # need not check == separately
        return subset(capacity, items[1:])  # _must_ lose the first here
    else:
        useit = first + subset(capacity-first, items[1:]) # use it!
        loseit = subset(capacity, items[1:])             # lose it!
        return max(useit, loseit)
```

虽然上面的例子更简洁，但有人会觉得更难阅读。正如我们前面提到的，编写尽可能易于阅读的代码非常重要——无论是为了你自己，还是为了将来可能需要查看你的代码的其他人。更重要的是，这段较短的代码不提供任何性能优势。

2.11　编辑距离

现在我们已经看到了递归和“取之弃之”的策略，我们已经准备好解决最初的问题：找到两个字符串之间的编辑距离。回忆一下，distance(first, second)的目标是找到从第一个输入字符串到第二个输入字符串所需的最小数量的替换、插入和删除。

下面是激发我们思考的一个完整例子：考虑将字符串'alien'转换为字符串'sales'。我们可以先在'alien'的前面插入一个's'来得到'salien'。然后我们可以删除'i'来得到'salen'。最后，我们用's'代替'n'来得到'sales'。这需要3次操作。事实证明，将'alien'转换为'sales'不可能少于3次操作。图2.15展示了这些转换。

'alien'
插入
'salien'
删除
'salen'
替换
'sales'

图2.15　distance('alien', 'sales')中的3次转换

在考虑编写distance函数之前，我们想强调通过示例进行设计的重要性。在本章中编写的每个函数，我们首先考虑了该过程如何对示例输入进行操作。然后我们一直仔细地考虑解需要处理的各种情况。一般来说，通过用我们构造的小例子来进行这类探索，可以引导我们进行算法设计。

2.11.1　distance的基本情况

基本情况很重要，因为它们是完整情况分析的“边缘情况”。对于我们的编辑距离函数distance(first, second)，输入字符串中的一个或两个可能是空字符串，即''。现在，按照Alan Perlis的建议（第28页），我们假设first是空字符串而second不是空字符串——例如，second可能是'spam'。在这种情况下，唯一有助于将first转换为second的操作就是插入。我们需要将每个字符从'spam'插入空字符串''。类似地，如果second为空，则距离必定是first的长度，因为我们必须从first删除那么多字符以获得空字符串。因此，如果任一输入是空字符串，则编辑距离是另一输入的长度。

据此，我们开始编写函数：

```
def  distance(first,  second):
     """ Returns the edit distance between first and second. """
     if first == '':
         return  len(second)
     elif second == '':
         return len(first)
```

我们还没有完成，但是先暂停一下，想一想两个字符串都是空的情况会发生什么。在这种情况下，距离应为0。注意，这是我们将得到的结果，因为first是空字符串，我们将得到second的长度，即0。检查这些特殊情况，以确保我们没有错过任何东西，这总是值得的。这称为“情

况分析的完整性”。

2.11.2 distance 的递归情况

现在考虑递归。如果 first 和 second 以相同的字符开头，例如'alien'和'ales'，那么第一个字符不需要转换！在这种情况下，两个字符串之间的距离与删除第一个字符的两个字符串之间的距离相同。例如，删除'a'以将问题归约为'lien'和'les'。请注意，first/rest 模式在这里起作用：如果第一个字符匹配，我们只需要处理剩余的字符。让我们用递归来表达这层意思，但这次没有明确地定义 first 和 rest：

听起来我们还有一段距离要走！

```
def  distance(first,  second):
     """ Returns the edit distance between first and second. """
     if first == '':
         return len(second)
     elif second == '':
         return len(first)
     elif first[0] == second[0]:              # firsts match, so
     return distance(first[1:], second[1:]) # recurse with the  rests
```

另一方面，如果两个字符串以不同的字符开头，那么问题就更有趣了（或者更确切地说，它有更多的情况）。由于第一个字符不匹配，因此需要进行某种更改。我们可以：（1）改变第一个字符串的第一个字符以匹配第二个字符的第一个字符（替换）；（2）删除第一个字符串的第一个字符（删除）；（3）在第一个字符串的最前面添加一个新字符（插入）。哪个最好取决于具体的字符串。由于我们不知道这 3 种选择中哪一种最好，因此会用递归来探索所有 3 种选择。这是“取之弃之”策略，但现在有 3 种选择而不是两种！

让我们考虑以下 3 种情况。

- 如果要替换，我们将 first 的第一个字符改为与 second 的第一个字符相同。这个替换计为一次编辑操作。然后第一个字符就匹配了，我们可以删除两者的第一个字符，以便进一步考虑。在这种情况下，解将是 1 + distance(first[1:], second[1:])，因为操作次数是 1（这次替换）加上将 first 的剩余部分转换为 second 的剩余部分所需的操作次数，即 first[1:] 变成 second[1:]。
- 第二种选择是删除 first 的第一个字符。这是一次编辑操作，现在我们需要找到从 first[1:]到 second 的距离。
- 最后，我们考虑在 first 前面插入一个新字符。该新字符应与 second 的第一个字符匹配。这是一次编辑操作，剩下就是要寻找从 first 到 second[1:]的距离。请注意，这也可以看成是“删除 second 的第一个元素”，这样就可以看成类似于前一种情况。

在这 3 种可能的解中，正确的解是这 3 种选择中最好的。在这个例子中，最好的是最小的，所以我们返回它们的最小值。下面是得到的函数：

```
def distance(first, second):
    """ Returns the edit distance between first and second. """
    if first == '':
        return len(second)
    elif second == '':
        return len(first)
    elif first[0] == second[0]:                   # firsts match, so
        return distance(first[1:], second[1:]) # recurse with the  rests
    else:
        substitution = 1 + distance(first[1:], second[1:]) # substitute
        deletion = 1 + distance(first[1:], second)        # delete
        insertion = 1 + distance(first, second[1:])       # insert
        return min(substitution, deletion, insertion)     # return the best!
```

哇！这是一个非常简洁的程序，可以解决一个具有挑战性的重要计算问题。下面是我们用这个函数的一些示例：

```
>>>  distance('spam', 'poems')
4
>>>  distance('alien', 'sales')
3
```

我们鼓励你自己试试它——用较短的字符串！可以在此设计的基础上开发出与这个版本的 `distance` 一样优雅，但效率高得多的函数。但这些追求是另一个方面的探索！

2.12 结论

本章引导我们从 Python 的构建块到几个强大的递归函数的设计、组合和测试。这种编程风格（使用条件、函数和递归）称为“函数式编程”。

我试着用 Google 搜索“递归”。它返回的信息说，“你的意思是想搜索：递归？”

从某种意义上说，你现在拥有了你需要的所有编程技能！事实证明，任何计算行为都可以用递归（更一般地说，函数调用）和条件语句（`if/elif / ... / else`）来描述。计算机科学有一个“可爱”的分支，称为“可计算性理论”，让我们能够证明这些命题。我们将在第 7 章中看到可计算性理论的某些方面的内容。

函数式编程是一组优雅的算法设计策略。它自然地表达问题的自相似性（通过递归），并将它分解为自包含的子过程（函数）。正如本章所示，递归可以解决重要的、具有挑战性的、广泛适用的问题。你现在已经是一个完全意义上的“函数式程序员”！

下一章将函数式编程方法扩展为进一步的设计模式，以实现简洁优雅的程序。在那之前，你可能希望用递归编写一些其他程序，以便对这种方法更熟悉。

尽管递归有时候让人觉得难以理解（并且难以描述），但我们确信以前一位学生讲的这句话真实不虚："要理解递归，你必须首先理解递归。"

关键术语

argument：参数

assignment：赋值

base case：基本情况

Boolean expression：布尔表达式

branching recursion：分支递归

case analysis：情况分析

comment：注释

completeness of case analysis：情况分析的完整性

concatenation：连接

conditional statement：条件语句

data type：数据类型

descriptive：描述性的

docstring：文档字符串

edge case：边缘情况

edit distance：编辑距离

factorial：阶乘

function：函数

function call：函数调用

functional programming：函数式编程

genome：基因组

index：索引

integer division：整数除法

interpreter：解释器

Keyword：关键字

List：列表

operator：运算符

parameter：参数

polymorphism：多态性

print：打印

recursion：递归

recursive definition：递归定义

recursive substructure：递归子结构

return：返回

self-similarity：自相似

shell

slicing：切片

stack：栈

stack frame：栈帧

statement：语句

straight-line recursion：直线递归

string：字符串

subset-sum problem：子集和问题

substitution：替换

symmetric：对称

value：值

variable：变量

练习

判断题

1. 在 Python 中，表达式 `5 ** 2 + 1` 与 `5 **(2 + 1)`具有相同的值。

2. 在 Python 中，`42` 是变量的有效名称。

3. 在 Python 中，表达式 `9/2` 与 `9 // 2` 具有相同的值。

4. 如果我们将变量 `foo` 赋值为`"spam"`（利用 `foo = "spam"`），则 `len(foo)`将返回 3。

考虑代码行：`friend = "alien"`

5. `friend[0]`是`"a"`。

6. `friend[1:3]`是`"撒谎"`。

7. `friend[5]`会导致错误。

8. `friend[1:42]`会导致错误。

9. `len(friend)`是 5。

10. `len("friend")`是 6。

11. `len([1, 2, 3] +  [4, 5])`是 2。

12. `len([ [ 1, 2, 3], [4], [5, 6] ])`是 3。

考虑以下函数：

```
def weird(x, y):
    if x < 0: return -1*x
    elif y < 0: return -1*y
    else: return 0
```

13. `weird(2, -2)`返回 2。

14. 对于某些输入 `x` 和 `y`，`weird` 将返回负数。

最后，下面是一些关于布尔值的问题。

15. 布尔表达式 `expression (not(1 == 2)) and (0 < 1)`求值为 `True`。

16. 布尔表达式 `not(not(True))`求值为 `True`。

17. 如果给定数字输入 `x`，下面的两个函数都做同样的事情。

```
f1(x):
    if x > 0: return True
    else: return False

f2(x):
    return  x  >  0
```

填空题

1．Python 表达式`42 - 1 * 2**2 + 5`具有值________。

2．Python 表达式`[1, 2, 3] + [ [4, 5, 6], 7 ]`具有值________。

3．Python 表达式`42 + "alien"`会导致错误，因为________。

4．如果 `mystring = "all aliens are friendly"`，那么我们可以用切片 `mystring [______:______]`获得`"aliens"`。

5．如果`mylist = [1, 2, [3, 4], 5]`且`yourlist =______`，那么`mylist + yourlist`是列表`list [1, 2, [3, 4], 5, [6, 7], 8, [9, 10]]`。

6．设想我们有一个没有乘法运算符*的 Python 版本。我们希望编写一个名为`mult(m, n)`的递归函数，它将计算任意两个整数`m`和`n`的乘积，假设两者都是非负的。例如，`mult(2, 3)`应该返回 6。为以下`mult(m, n)`函数填写缺少的代码：

```
def mult(m, n):
    if m  == 0: return ____
    else:  return n + mult(____,____)
```

7．下面的`log2`函数以正整数作为输入，并返回该数被 2 除，直至结果为 1 或更小的次数。例如，`log2(1)`返回 0，`log2(2)`返回 1，`log2(8)`返回 3，`log2(9)`返回 4。使用递归填写下面代码的缺失行：

```
def log2(n):
    if n <= 1:   _____
    else return:  _____
```

讨论题

1．Python 中的文档字符串和注释之间有什么区别，为什么它们都有用？

2．Python 函数可以没有输入参数，也可以有一个输入参数或两个输入参数等，但必须在函数中指定和命名输入参数的数量（例如，`f(x, y, z)`有 3 个参数并命名为`x`、`y`和`z`）。设想外星人想要编写一个可以计算任意数量整数之和的函数。可以利用 Python 中的哪些特性来编写这样的函数？

3．我们在 2.11 节中编写的编辑距离函数返回将一个字符串转换为另一个字符串所需的最少操作次数，其中操作是替换、插入或删除。设想我们希望修改编辑距离函数，以便替换、插入和删除每个都有不同的代价。在函数中需要改变什么？进一步设想，替换对每对字符都有不同的代价。例如，在拼写检查程序中，用"a"代替"s"的代价可能很低，因为"a"和"s"在键盘上是相邻的，而用"a"代替"p"的代价可能很高，因为它们在键盘上距离很远。如何修改编辑距离函数以符合这种情况？

编程题

1．外星人需要一个名为 sumUp(n)的函数，它以整数 n（大于或等于 0）作为输入，并返回从 0 到 n 的整数之和。例如，sumUp(5) 返回 15，因为 0 + 1 + 2 + 3 + 4 + 5 = 15。请利用递归编写 sumUp(n)。

2．“干得漂亮，”外星人说，“但现在我需要一个新函数。”外星人继续描述一个名为 count (num, list)的函数，它返回在给定列表中数字 num 出现的次数。例如，count(42, [1, 3, 42, 5, 42])返回 2，因为 42 在列表中出现两次。请利用递归编写此函数。

3．“这很棒！”外星人说，“现在我需要一个函数 countSymbol(symbol, string)来告诉我特定字符出现在字符串中的次数。”例如，countSymbol('a', 'aliens are adorable!')返回 4，因为'a'在字符串中出现 4 次。请利用递归编写此函数。

4．“这个函数真的令人大开眼界，”外星人兴奋地说，“但是这个怎么样——我想要一个名为 countPattern(shortString, longString)的函数，它返回 shortString 在 longString 中出现的次数。”例如，countPattern('an', 'an alien and another alien play in the sand')返回 4，因为字符串'an'出现了 4 次：一次在开始，一次在 and，一次在 another，一次在 sand。请利用递归编写此函数。

5．外星人已接到命令，将一个相当奇特的 Python 函数发回它的母星。这个函数叫作 zip(list1, list2)。下面是它应该做的事的一个例子：当我们运行 zip([1, 2, 3], [4, 5, 6])时，函数返回[1, 4, 2, 5, 3, 6]。请注意，返回的列表是一个单独的列表，它的元素交替取 list1 和 list2 中的元素。你应该假设 list1 和 list2 总是具有相同的长度。顺便说一下，zip([], [])应该就返回[]！请利用递归编写此函数。

6．外星人非常感谢你，但还想请你帮一个忙。外星人说：“我的同胞真的很喜欢 2.10 节的 subset 函数，但他们希望有一个名为 subsetRepeat(capacity, items)的函数，让我们多次使用一个物品”。例如，尽管 subset(9, [2, 5, 10])将返回 7，但 subsetRepeat(9, [2, 5, 10])将返回 9，因为 9 = 2 + 2 + 5。你如何稍微修改 subset 函数，将它变成所需的 subsetRepeat 函数？

7．考虑 2.11 节中的 distance 函数。外星人说：“在我的语言中，删除和插入是常见的，但替换是罕见的。所以我希望替换对距离的贡献是 3 而不是 1。”请修改 distance 函数以实现这种更改。

第3章　函数式编程（第二部分）

3.1　密码学和素数

外星人坐在咖啡馆里，享受着他们精心制作的含咖啡因的饮料。他们要购买全套的《星球大战》传奇，但无法通过流传输到自己的星球！他们准备输入信用卡号，从 Nile 网站完成购买，但他们停下来想了一下：当他们的财务信息通过 Wi-Fi 和许多互联网节点到达 Nile 网站，再到他们的银行授权这次购买时，如何保护信息的安全。这种担心很合理。好消息是，即使通信链路是开放的和公开的，加密技术仍可确保此类交易的安全。

很快就要回家了，但先要再买一些东西！

RSA 是最广泛使用的加密策略之一，它是 3 位设计者 Ron Rivest、Adi Shamir 和 Leonard Adleman 的姓氏首字母缩写。RSA 的工作方式如下：在线商店具有自己的数学函数（可公开获得），所有用户都可以使用该函数对数据进行加密，然后再通过网络进行传输。（确切地说，浏览器或其他软件可以代表用户执行此操作。）仅将生成的加密数据从一个地方发送到另一个地方，即使在不安全的通道上也可以保证安全。设计该数学函数，以便任何人都可以轻松地使用它来加密数据，而只有商店（或其他受信任的代理，例如银行）可以“恢复”或“反转”该函数。因此，只有受信任的代理才能解密数据并恢复原始的敏感信息。

因为他们设计了密码系统 RSA，Rivest、Shamir 和 Adleman 获得了著名的图灵奖。

请注意，我们要发送的任何数据总是可以表示为数字。无论是什么数据，这都是真的，但是如果数据已经是一个数字（例如信用卡号），则尤其清楚。假设 Nile 网站告诉其用户，用加密函数 $f(x)=2x$ 来加密数字数据 x。

对于这个简化的例子，我们可以很容易地加密我们要发送的任何数字，只需将它加倍即可。不幸的是，任何人都可以简单地将消息除以 2，从而解密消息，这使得加密函数根本不安全。

真正的 RSA 方案使用较复杂的函数，但仅稍微复杂一些。如果 x 是我们的信用卡号，则 RSA 使用函数 $f(x)=x^e \bmod n$ 对其进行加密，其中 e 和 n 是精心选择的常数。上一章中提到，$x^e \bmod n$ 表示 x^e 除以 n 的余数。在 Python 中，这可以用表达式`(x**e) % n`进行计算。

事实证明，如果适当选择 e 和 n，那么在线商店将能够解密该消息以检索信用卡号 x。但是即使公开了 e 和 n，也没有其他人可以解密该消息！

怎么会这样？我们如何选择 e 和 n（并与每个人共享，使得每个人都可以加密消息），但仍然只让我们自己有解密的能力？下面是具体做法。首先，我们随机选择两个不同的大素数 p 和 q。接下来，我们将 n 定义为这两个数字的乘积，$n = pq$。然后，我们执行两个步骤以找到适合 e 的值：我们计算 $m = (p-1)(q-1)$，然后选择 e 为小于 m 的随机素数，它也不是 m 的因数。这就行了！它不像加倍那么简单，但也相当简单，用一个简短的 Python 程序就可以表示。

这就是选择 e 和 n 的过程，这些值可以与希望发送加密信息的任何人公开共享。加密很简单：对小于 n 的任意 x，可以通过计算 $x^e \bmod n$ 进行加密。（较大的值可以分解为较小的值，但是我们在这里不必担心。）在典型的网上购物交易中，你的浏览器将从在线商店获取 e 和 n 的公开可用值，并使用它们来加密你的信用卡号 x。值 e 和 n 一起称为该商店的公钥。在密码学中，公钥是一组可以安全发布的值，但不会泄露相应的私钥。让我们用一个具体的例子来详细说明。

在我们的例子中，令 $p = 3$ 和 $q = 5$。尽管它们太小而不能实际确保安全，但它们肯定是素数。现在，$n = 3 \times 5 = 15$ 且 $m = (3-1) \times (5-1) = 8$。对于我们的加密指数 e，我们可以选择素数 3，因为它小于 8，并且也不是 8 的因数。现在，使用值 $e = 3$ 和 $n = 15$，我们可以加密小于 n 的任何数字。让我们对数字 13 进行加密：在 Python 中，我们可以将 $13^3 \bmod 15$ 表达为（`13 ** 3`）`%15`。结果是 7。所以 7 是我们的加密数字，我们通过互联网将它发送到在线商店。

我认为密码学的在数学上应该称为"离散数学"！

商店如何解密这个 7，以发现原来的数字实际上是 13？在计算加密指数 e 的同时，商店还计算了解密指数 d，它具有两个属性：介于 1 和 $m-1$ 之间，并且 $e \times d \bmod m = 1$。由于 e 和 m 的选择方式不同，总是只有一个具有这两个属性的值（对于证明，我们听离散数学家的）。我们将该值 d 称为 e 模 m 的乘法逆（multiplicative inverse）。在我们的例子中，$e = 3$ 且 $m = 8$，因此 d 也是 3（并非总是与 e 相同，尽管可以相同）。我们确认 $e \times d \bmod 8 = 9 \bmod 8 = 1$。

利用这个解密指数 d，在线商店可以通过计算 $y^d \bmod n$ 解密它收到的任意数字 y。在我们的示例中，我们收到了加密数字 $y = 7$。我们用 Python 表达式`((7**3) % 15)`计算了 $7^3 \bmod 15$，结果为 13。确实，这就是我们刚才加密的值！请记住，虽然加密密钥 e 和 n 是公开的，但在线商店保持解密密钥 d 私有。能够获得 d 的任何人，都可以解密用加密密钥发送的任何消息。

在离散数学或算法导论课程中常常会展示该方案始终有效的证明。然而，对我们而言，更重要的问题是："为什么这种方案是安全的？"由于值 e 和 n 是公开的，因此如果邪恶的特工能够找到最初选作 n 的因数的两个素数 p 和 q，他们也可以找出 m 和 d，然后从那里破解代码。但是，将数字 n"因数分解"为素数之积是一个难计算问题。难计算问题是指用已知最好的技术，需要很长时间才能计算出来的问题。第 7 章更详细地探讨了该主题。但是现在，考虑一下，美国国家标准技术研究院（National Institute of Standards and Technology, NIST）估计，如果今天我们用大约 900 位数字的公共密钥来加密消息，那么通过因数分解的结果来解密将远远超出 2042 年——即便用非常快的计算机进行攻击。

3.2 一等函数

在上一章中，我们了解了 Python 函数，并探讨了递归的“威力”。我们研究过的程序设计风格［即由相互调用的函数（可能还会调用它们自己）构成的程序］称为函数式编程。

在 Python 这样的函数式编程语言中，函数是数据，就像数字、列表和字符串是数据一样。在 Python 之类的语言中，我们说函数是该语言的“一等公民”，因为我们可以编写一些函数，以其他函数作为其输入。我们还可以编写一些函数，以其他函数作为其返回值。在本章中，我们将探讨这些思想。首先我们来编写一个简短的程序，该程序可以有效地生成较长的素数列表。我们将构建可在 RSA 加密中实现加密和解密的函数。在本章结束时，你将编写一些 Python 程序，用于发送和接收加密数据，即只有你和你的朋友才能解密的数据。

我喜欢所有事都做到一等！

3.3 生成素数

受 RSA 密码学的激励，我们的首要任务是找到一种生成素数列表的方法。我们计划：先编写一个函数，确定其参数是否为素数；然后，我们可以利用该函数测试一系列连续整数是否为素数，并将是素数的整数保存在一个列表中。

如何测试单个正整数 n 是不是素数？根据定义，如果 2～n–1 的任意整数能整除 n，则 n 不是素数。如果 2～n–1 没有整数能整除 n，则 n 是素数。只要测试 2～$sqrt(n)$的数字就足够了，但目前我们就测试 2～n–1 的所有可能的因数。我们将设计一个函数 `divisors`，可以实现这些可能性以及更多的可能性。

为此，我们设计 `divisors(n, low, high)`，它接受整数 `n`、`low` 和 `high` 作为输入。如果 `n` 在 `low` 和 `high` 之间（包括两个端点）有任何因数，则函数 `divisors` 应返回 `True`。如果 `n` 在 `low` 和 `high` 之间没有因数，则 `divisors` 应返回 `False`。

让我们设定期望的结果：一方面，`divisors(15, 2, 14)`应该返回 `True`，因为 `15` 在 `2` 到 `14` 之间（包括 2 和 14）有因数，实际上有几个；另一方面，`divisors(11, 2, 10)`应该返回 `False`，因为 `11` 在 `2` 到 `10` 之间（包括 `2` 和 `10`）没有因数。如果 `divisors(n, 2, n-1)`返回 `False`，则数字 `n` 就是素数。

为了强化上一章中的递归设计思想，我们用递归来编写 `divisors(n, low, high)`。首先是基本情况：如果 `low>high`，则从 `low` 到 `high` 的范围内没有整数。故而，在该范围内不可能存在因数。因此，如果 `low > high`，则 `divisors` 应返回 `False`。

如果 `low <= high`，那么我们需要检查 `low` 是不是 `n` 的因数。我们可以测试 `n` 是否可以被

n 整除，如果可以，则可以找到该范围内的因数。在这种情况下，divisors 必须返回 True。

当 low<=high，但 low 不是 n 的因数时，存在什么递归子结构？如果 low 不是 n 的因数，则只需要检查从 low + 1 到 high 的整数。这可以通过调用 divisors(n, low+1, high)来实现，函数编写如下：

```
def divisors(n, low, high):
    """ divisors returns True
          if n has a divisor between low and high (inclusive)
        otherwise, divisors returns False """

    if low > high:
        return  False
    elif n %  low == 0:    # check if n is divisible by low?
        return True
    else:
        return divisors(n , low+1, high)
```

如前所述，我们可以通过检查 n 在 2 到 n-1 之间是否有因数，来测试 n 是不是素数：

```
def isPrime(n):
    """ For any n greater than or equal to 2,
        isPrime returns True if n is prime.
        isPrime returns False if n is not prime """
    # if there's a divisor, it's not prime
    if divisors(n, 2, n-1) == True:
        return False
    else:
        return True
```

可以更简洁地编写如下：

```
def isPrime(n):

    """ For any n greater than or equal to 2,
        isPrime returns True if n is prime.
        isPrime returns False if n is not prime """

    return not divisors(n, 2, n-1)
```

回想一下，not 用于否定一个布尔值。如果 divisors(n, 2, n-1)为 True，则 not divisors(n, 2, n-1)为 False；如果 divisors(n, 2, n-1)为 False，则 not divisors(n, 2, n-1)为 True。尽管更简洁，但后一个版本不一定可读性更好。有些人更喜欢前者，而有些人更喜欢后者。

无论哪种方式，我们接下来都使用 isPrime 生成素数列表，再次利用递归。想象一下，我们想知道从整数 low（至少 2）到上限 high（例如 100）的所有素数。对于该范围内的每个数字，我们可以测试它是不是素数，如果是素数，就将它加入一个不断增长的素数列表中。在查看下面的代码之前，看看你是否能确定这个函数的基本情况和递归情况。

下面是一个 Python 实现：

```
def listPrimes(low, high):
    """ Returns a list of prime numbers
    between low and high, inclusive """
    if low > high:
        return []
    elif isPrime(low) == True:
        return  [low]  +  listPrimes(low+1,  high)
    else:
        return listPrimes(low+1, high)
```

在 elif 语句块中，我们返回[low] + listPrimes(low+1, high)而不是 low + listPrimes(low+1, high)。为什么？

请记住，listPrimes(low+1, high)返回一个列表。后一个表达式尝试向该列表添加一个整数 low。前一个表达式（正确的表达式）将一个列表[low]添加到该列表。Python 在实现列表加列表时很轻松，这是“列表连接”。Python 不会将整数加入列表。（尝试一下，你收到的错误消息也会这么说！）

上述生成素数的策略是可行的，但速度很慢。问题是它重复了很多工作。例如，按照上面的写法，listPrimes(2,100)会发现 2 是素数，并且仍然检查 2 的每一个倍数是否为素数。同样，它会发现 3 是素数，然后继续检查 3 的每一个倍数是否为素数。也许，一旦找到一个素数，就可以避免检查该素数的倍数，因为我们确信这些倍数不是素数。

尚不十分清楚 Eratosthenes 是否真的发现了名为“埃拉托斯特尼筛法”的算法。

一种更快的生成素数的算法称为“埃拉托斯特尼筛法”（sieve of Eratosthenes），以古代希腊数学家的名字命名。我们的想法是对已经发现的素数的倍数进行筛选或过滤。如前所述，listPrimes(2,100)会发现 2 是素数。然后，我们从考虑的数字中删除或筛掉 2 的所有倍数，这些倍数不是素数。数字 3 是筛掉所有 2 的倍数后剩下的最小值，因此 3 是素数。然后，我们从剩余值中筛掉所有 3 的倍数，它们也不是素数。完成后，剩余值中最小的是 5。因此 5 是素数，我们筛掉它的倍数。我们继续这个过程，直到达到 high 或 100。

网上有埃拉托斯特尼筛法的精美动画。其中最后一个画面显示如图 3.1 所示。

我们来实现一种基于筛子的算法（本着埃拉托斯特尼筛法的精神），我们称之为 primeSieve。primeSieve 函数将接受我们感兴趣的整数列表，返回一个列表，仅包含原始列表中的素数。Python 有一个内置函数 range(low, high)，该函数创建顺序的整数列表。下面是使用 range 的两个例子：

```
>>> list(range(0,5))
[0, 1, 2, 3, 4]

>>> list(range(3,7))
[3, 4, 5, 6]
```

	2	3	4	5	6	7	8	9	10
11	12	13	14	15	16	17	18	19	20
21	22	23	24	25	26	27	28	29	30
31	32	33	34	35	36	37	38	39	40
41	42	43	44	45	46	47	48	49	50
51	52	53	54	55	56	57	58	59	60
61	62	63	64	65	66	67	68	69	70
71	72	73	74	75	76	77	78	79	80
81	82	83	84	85	86	87	88	89	90
91	92	93	94	95	96	97	98	99	100
101	102	103	104	105	106	107	108	109	110
111	112	113	114	115	116	117	118	119	120

素数

2	3	5	7
11	13	17	19
23	29	31	37
41	43	47	53
59	61	67	71
73	79	83	89
97	101	103	107
109	113		

图3.1　埃拉托斯特尼筛法

请注意，我们从 range 返回的列表似乎过早停止了，少了一个数字——最终整数为 high-1。这是 Python 中的约定。另外，要查看得到的列表的各个元素，我们需要在结果上调用 list。因此，如果要查看 2～1000 的整数列表，可以调用 list(range(2, 1001))。试试吧！

在编写 primeSieve 之前，让我们考虑一下它如何工作。设想我们从列表 range(2, 11) 开始，它是：

```
[2, 3, 4, 5, 6, 7, 8, 9, 10]
```

将此列表传递给 primeSieve 就是问：“您能在这个列表中找到所有素数吗？”为了回应这个礼貌的请求，primeSieve 函数应提取第一个元素 2 并保留它，因为 2 是素数。然后，应从该列表中筛掉所有 2 的倍数，从而得到一个新列表：

```
[3, 5, 7, 9]
```

现在怎么办？好吧，我们现在有一个较小的列表，想知道它的哪些元素是素数。啊哈！我们可以将这个较小的列表发送回 primeSieve——毕竟，primeSieve 的任务是返回输入列表中存在的素数。递归！

继续我们的例子，我们第一次调用 primeSieve 时发现了 2，筛掉 2 的倍数后得到列表[3,

5,7,9]，并在新列表上调用 primeSieve。递归调用返回的所有结果都将附加在我们当前保持的 2 之后，因此我们会得到 2～10 的所有素数的列表。

设想我们有一个名为 sift(p, L)的函数，该函数以数字 p 和一个列表 L 作为输入，返回一个列表，从 L 中删除了 p 的所有倍数。然后，我们可以像这样实现 primeSieve：

```
def  primeSieve(numberList):
     """ primeSieve returns the list of all primes in numberList
         using a prime sieve algorithm """

     if numberList == []:        # if the  input  list is  empty,
         return []               # ...we're done
     else:
         p = numberList[0]       # the first element is  prime
         return [p] + primeSieve(sift(p, numberList[1:]))
```

在这里，primeSieve 假定其初始输入是从 2 开始的整数顺序列表。因此，每次递归调用时 p 都是素数。例如，筛掉 2 的倍数后，对 primeSieve 的递归调用将接受参数列表[3, 5, 7, 9]。然后 else 语句块将从列表的最前面取得 3，筛掉 3 的所有倍数，得到[5, 7]，然后再次递归。在下一次递归调用中，p 将为 5，并且函数将对列表[7]递归调用。该递归调用将取得 7 并递归到空列表。每次输入列表都会变得越来越短，更接近于处理空列表输入的基本情况。在这种情况下，primeSieve 正确报告“输入参数中所有素数的列表为空”，并且它会返回空列表。

自顶向下的设计？将它称之为“如意算盘”方法怎么样？因为我们的愿望是在需要时就有一个辅助函数！

我们仍然需要一个可以进行实际筛选的函数！上面，我们设想有一个名为 sift 的函数，该函数接受两个参数（一个数字 p 和一个列表 L)，并返回 L 中不是 p 的倍数的所有数字。请注意，即使尚未实现 sift，我们已经在假设有 sift 的情况下编写了 primeSieve。这种编写程序的方法称为“自顶向下的设计”，因为我们从“顶部”（我们想要的）开始，然后逐步进行到所需的细节。

接下来，我们将着手编写 sift 函数。

3.4 过滤

Python 有一个名为 filter 的内置函数，它几乎完成了我们要进行的所有筛选工作。filter 的不寻常之处在于，它接受一个函数作为输入参数。我们来看看 filter 的样子以及工作原理。首先，我们将定义一个供 filter 使用的函数：

这似乎是个奇怪的函数！

```
def is_not_divisible_by_two(n):
    """ this function
    returns True if n is NOT divisible by 2, and
    returns False if n IS divisible by 2      """
```

```
    return n%2 != 0
```

回想一下，n%2 == 0 会检查 n 是否可被 2 整除。因此，如果 n 无法被 2 整除，则 n%2! = 0 将返回 True。例如：

```
>>> is_not_divisible_by_two(41)
True
>>> is_not_divisible_by_two(42)
False
```

利用我们的函数 is_not_divisible_by_two，下面是使用 filter 的一个例子：

```
>>> list(filter(is_not_divisible_by_two, [2,3,4,5,6,7,8,9,10]))
[3, 5, 7, 9]
```

你可能已经推断出 filter 在做什么：它的第一个输入参数是一个函数，第二个输入参数是一个列表。输入函数需要接受单个输入并返回布尔值。返回布尔值的函数称为“谓词”（predicate）。你可以认为谓词是在告诉我们它是否“喜欢”它的参数。然后 filter 会返回列表中该谓词“喜欢”的所有元素。在我们的例子中，is_not_divisible_by_two 是“喜欢”奇数的谓词，因此 filter 返回一个列表，包含原始列表中所有的奇数。

与 range 一样，filter 要求将它的结果传递给 list，以便我们查看它的值。这是因为这两个函数会等待，直到需要结果时，才会计算其结果。

一个函数接受其他函数作为参数？也许很奇怪，但绝对是允许的，甚至是鼓励的！这个想法对于函数式编程非常重要：函数可以像其他任何类型的数据一样传入或传出其他函数。实际上，第 4 章将说明为什么这个想法根本不那么奇怪。

数字列表不是唯一可以过滤的数据类型。下面是 filter 的另一个例子，这次使用字符串列表。为了准备再次访问地球，外星人正尝试掌握英语和许多其他语言。他们有很多单词需要学习，但是他们听说 4 个字母的单词是最关键的，他们首先关注这些单词。因此，假设外星人希望过滤['aardvark','darn','wow','spam','zyzzyva']这样的列表，以获取仅有 4 个字母的单词列表['darn','spam']作为输出。

如前所述，我们先定义一个谓词函数：一个名为 hasFourLetters 的函数。该函数以一个名为 s 的字符串作为输入，如果输入字符串的长度为 4，则返回布尔值 True，否则返回 False。

```
def  hasFourLetters(s):
     """ returns True if the length of s is 4, else returns False """
     return len(s) == 4
```

利用 hasFourLetters，下面是 filter 的另一个例子：

```
>>> list(filter(hasFourLetters, ['ugh', 'darn', 'wow', 'spam', 'zyzzyva']))
['darn',  'spam']
```

3.5 lambda

我们已经看到，函数 filter 可以帮助我们筛选数字列表，但到目前为止，我们只筛掉了偶数数字，留下了不能被 2 整除的值。请记住，埃拉托斯特尼筛法利用反复筛选，即针对序列中的不同值进行筛选。如果要筛选 3 的倍数，可以使用另一个辅助函数：

```
def is_not_divisible_by_3(n):
    """ returns True if n is not divisible by 3, else False """
    return n % 3 != 0
```

以这种方式继续，我们需要一个函数来删除 5 的倍数，另一个针对 7，再针对 11，依此类推。但这种方法不通用！作为替代，我们可以尝试在谓词函数中添加第二个参数，如下所示：

```
def is_not_divisible_by_d(n, d):
    """ returns True if n is not divisible by d, else False """
    return n % d != 0
```

这个函数执行正确的计算，但 filter 要求它的第一个输入是只接受一个输入自变量的谓词函数，而不是像我们在这里所做的那样接受两个输入。

我们真正需要的是一次性使用的函数——在我们需要它时，可以用当前要过滤的数字来定义它，然后在用完后立即丢弃它。Python 支持临时函数的创建和使用，甚至我们都不必为它们命名！这样的函数称为“匿名函数”。

初次接触时，匿名（或无名）函数似乎违反直觉，但请记住，Python（和每种编程语言）很自然地支持匿名数据：

```
>>> 14 * 3
42

>>> [6,7] + [8,9]
[6,7,8,9]
```

在这两个例子中，正在操作的数据和结果都没有 Python 名称。我们没有分配变量来保存它们。我们对它们有自然语言名称，例如“四十二”或“八，九的列表”，但这些语言便利性与 Python 无关。

由于 Python 将函数视为一等公民，因此它们也可以不用名称来表达和使用。下面是一个匿名函数的例子：

```
>>> lambda x: 2*x
<function __main__.<lambda>>
```

请注意，Python 将这视为函数。lambda 不是名字，而是一个 Python 保留字，表示我们正在定义一个匿名函数。在关键字 lambda

“lambda”源自名为“lambda 演算”的数学分支(请参见 3.6.3 节的补充内容)，它影响了第一种函数式编程语言 LISP。

后面出现该函数的输入参数的名称。在这个例子中，它有一个名为 x 的参数，接着是一个冒号，然后是匿名函数应返回的值。

让我们看 3 个使用 lambda 的例子：

```
>>> (lambda x: 2*x)(50)           # compare to f(50)
100

>>> (lambda x, y: x-2*y)(50,4)    # compare to f(50,4)
42

>>> (lambda n: n%2 != 0)(41)      # compare to is_not_divisible_by_2(41)
False
```

匿名函数的工作原理与命名函数完全相同。为了直接调用它们，有必要将它们放在括号内，但是如果它们用于传递，就不必放在括号内。

最后一个示例 lambda n: n%2 != 0，完全等价于我们的 is_not_divisible_by_2 函数。从而：

```
>>>  list(filter(lambda  n:  n%2  !=  0,  [2,3,4,5,6,7,8,9,10]))
[3,5,7,9]
```

Python 中的匿名函数语法不寻常，因为我们没有将函数的参数括起来，也没有 return 语句。作为替代，Python 中的匿名函数返回冒号后面的任意值。

为了指出匿名函数确实是完全意义下的函数，我们想说，如果你愿意，可以给它们命名，就像所有其他 Python 数据一样：

```
>>> double = lambda x: 2*x

>>>  double(50)
100
```

在第一行中，我们将一个名为 double 的变量赋值 lambda x: 2 * x。从那里开始，double 行为就像是以更传统的方式用 def 定义的函数一样。所以 double 是一个函数，带有一个参数。如果要使用它，需要以习惯的方式向它传递一个值。

让我们利用匿名函数完成 sift 的编写，如下所示：

```
def sift(toRemove, numList):
    """ sift takes a number, toRemove, and a list of numbers, numList.
    sift returns the list of those numbers in numList
    that are not multiples of toRemove """

    return list(filter(lambda x: x%toRemove != 0, numList))
```

我们传递给 filter 的匿名函数在其函数体中使用了整数 toRemove，而不必将它作为参数传入。匿名函数是在 toRemove 已经存在并具有值的环境中定义的。

为了进行比较，我们还可以用列表推导式来编写 sift（请参见 3.6.1 节的补充内容）：

```
def sift(toRemove, numList):
    """ sift takes a number, toRemove, and a list of numbers, numList.
    sift returns the list of those numbers in numList
    that are not multiples of toRemove """

    return [x for x in numList if x%toRemove != 0]
```

因此，我们再次完成了 primeSieve 函数，现在有了一个改进的 sift：

```
def  primeSieve(numberList):
    """ primeSieve returns the list of all primes in numberList
        using a prime sieve algorithm """

    if numberList == []:        # if the input list is empty,
        return []               # ...we're done
    else:
        p = numberList[0]       # the first element is prime
        return [p] + primeSieve(sift(p, numberList[1:]))
```

尝试运行 primeSieve 生成较长的素数列表。如果给它足够大的列表，Python 会“抱怨”。例如：

```
>>>  primeSieve(list(range(2, 10000)))
```

导致了很长的、看似不友好的错误消息。问题在于，每个递归调用都会在栈内存中创建一个栈帧，如果没有更多可用的栈内存，计算将崩溃。第 4 章将详细介绍执行递归函数时计算机内部发生的情况，那时栈内存问题就更有意义了！现在，请注意，通过在源文件的提示符或顶部添加以下几行内容，你可以要求 Python 提供更多的栈内存：

```
import sys
sys.setrecursionlimit(20000)    # Allow 20000
                                # stack frames
```

在这里，我们要求为 20000 个栈帧留出空间。某些操作系统允许你要求的栈帧可能比这更多或更少。大多数现代计算机会允许更多。

这将我们带到了最后一个知识点：尽管 primeSieve 相当高效，但是 RSA 方案的大多数良好实现都使用更为有效的方法来生成较大的素数。实际上，在对互联网交易进行编码时，RSA 使用的素数通常有几百位数！有关算法或密码学的计算机科学或数学课程，可能会展示更复杂、更有效的算法来生成素数。

CS 课程的大胆推销！

3.6 将 Google 放在 map 上

在本章的其余部分中，我们以函数的概念为基础，这些函数是可以传递给其他函数或从其他函数返回的一等构造。我们将从另外两个示例中汲取灵感：mapReduce 处理数据的方法，以及对函数求导。

假设你为 Nile 网站工作。你的公司维护一个产品价格清单，并定期系统地提高价格。你的老板有一天早上来到你的办公室，要求你编写一个名为 increment 的函数，该函数以数字列表作为参数，返回一个新列表，其中每个输出元素都比其对应的输入大 1。因此，对于输入参数[10, 20, 30]，结果应为[11, 21, 31]。

没问题！我们可以递归地编写 increment：

```
def increment(numList):
    """ takes a list of numbers as an argument and returns
        a new list with elements 1 larger than those of numList """

    if numList == []:                 # base case
        return []
    else:
        newFirst = numList[0] + 1     # increment the first element
        incrementedList = increment(numberList[1:]) # recurse on the rest
        return [newFirst] + incrementedList
```

对于递归情况，我们使用 first/rest 模式。我们增加列表中的第一个元素，然后利用递归增加 numList 的其余部分。因此，increment([10, 20, 30])将提取第一个元素 10，将它增加为 11，然后递归调用 increment([20, 30])以获得 21 和 31。最后一行将[11]连接在[21, 31]的左侧，得到[11, 21, 31]。

3.6.1 map

Nile 网站的老板很高兴，期望值也随即增加！不久之后，他要求你开发一个非常相似的函数，但要为输入列表的每个元素加 2。略微修改 increment 即可完成此操作。利润率引起了人们的关注，传来的要求是让每个元素翻倍。总的来说，Nile 网站的账本底线似乎将从一系列函数中受益，这些函数以数字列表作为输入并返回一个新列表。在这个过程中，某个函数应用于该列表中的每个元素。

“通用化”是计算机科学中的强大范式。如果你发现自己正在构建大量类似的功能，请考虑使用单个解决方案是否可以处理所有这些功能。

这就是所谓的“通用化”原则。我们试图允许对输入列表的元素应用任意函数，从而使我们的函数不那么具体，更通用。

这个原则激励我们使用独立函数。在这里，我们将这一想法推进一步。对于我们的元素转换示例，“全部解决它们”的方法是一个名为 map 的 Python 内置函数。我们将展示 map，然后再详细讨论它。为了展示，我们使用两个简单的函数，即 add1 和 triple：

```
def add1(x):
    """ returns more than it receives """
    return x+1
```

```
def  triple(x):
     """ a trebling function, indeed """
     return 3*x
```

下面是使用 map 的 3 个例子。与使用 range 和 filter 一样，我们需要用 list 来查看得到的元素：

```
>>> list(map(add1, [10, 14, 41]))
[11, 15, 42]

>>> list(map(triple, [10, 14, 41]))
[30, 42, 123]

>>> list(map(add1, range(41,45)))  # [41, 42, 43, 44] == range(41,45)
[42, 43, 44, 45]
```

注意，map 有两个参数。第一个输入参数必须是一个函数，第二个必须是列表。如果你尝试传入其他类型，Python 会抱怨（如果没有办法很好地解决这个问题，这么做是很好的）。指定给 map 的第一个输入参数函数，例如上面例子中的 add1 和 triple，必须是接受单个参数的函数。简而言之，map(f,L)将函数 f 应用于 L 中的每个元素，并以此建立一个新的元素列表，由 map 返回。

我们可以提供任意单输入的函数作为 map 的第一个参数：

```
>>> list(map(len, ['I', 'like', 'spam!']))
[1, 4, 5]
```

在这个例子中，内置函数 len 将应用于给定列表中的每个字符串。首先，将 len 函数应用于字符串'I'，字符串的长度为 1，这是结果列表中的第一项。然后，将 len 函数应用于字符串'like'，字符串的长度为 4，这是结果列表中的第二项。最后，'spam!'的长度是 5，这是结果列表中的最后一项。

请注意我们的抽象主题如何在 map 中体现。传递给 map 的函数的行为细节被隐藏了。我们也不必担心如何逐步遍历列表来修改每个元素，map 为我们做到了这一点。

列表推导式

map 和 filter 函数，以及匿名函数的 lambda 表示法，这些并不是 Python 独有的。这些构造是“函数式编程”的特征。

Python 提供了另一种具有 map 和 filter 功能的语法，称为“列表推导式”。一些开发人员更喜欢列表推导式，而不是 map 和 filter。不知你怎么想。

下面是一个列表推导式，表示我们希望将列表[10, 20, 30]中的每个元素加 1：

```
>>> [x+1 for x in [10, 20, 30]]
[11, 21, 31]
```

类似地，我们可以用以下列表推导式将列表[10, 14, 41]中的每个元素变为自身的3倍：

```
>>> [3*x for x in [10, 14, 41]]
[30, 42, 123]
```

一般来说，列表推导式使用以下语法：

```
[f(x) for x in L]
```

其中f是任意一个输入函数或表达式，而L通常是一个列表。（但是，L也可以是字符串。）请注意，[f(x) for x in L]与map(f,L)相同，同样是将函数f映射到列表L中的每个元素x上。顺便说一下，变量名x没什么特别的。我们可以使用任意变量名称，例如[f(e) for e in L]，甚至

```
[f(a_name_for_each_element) for a_name_for_each_element in L]
```

既然你可以选择元素名称，那就好好选择。例如，要提醒自己元素是字符串，可以使用s：

```
>>> [len(s) for s in ['I', 'like', 'spam']]
[1, 4, 4]
```

列表推导式添加if

通过在表达式的末尾添加if和布尔值测试，列表推导式还支持filter的功能。例如：

```
>>> words = ['oh', 'darn', 'wow', 'spam', 'ugh']

>>> [x for x in words if len(x) == 4]
['darn', 'spam']
```

在这个例子中，我们定义了列表words来说明原始列表不必是匿名的。无论是否命名，列表推导式都一样：

```
>>> [x for x in ['oh', 'darn', 'wow', 'spam', 'ugh'] if len(x) == 4]
['darn', 'spam']
```

每个表达式提供了Python的各种灵活性。请看下面的例子：

```
>>> [x[1:3] for x in ['oh', 'darn', 'wow', 'spam', 'ugh'] if len(x) == 4]
['ar', 'pa']

>>>  [x**2 for x in range(0, 11) if x %  2  ==  0]
[0, 4, 16, 36, 64, 100]
```

一般来说，为列表推导式添加 if 的语法为：

```
[f(x) for x in L if ...]
```

其中 f 是一个函数，L 是一个列表，在省略号（...）位置出现的是一个谓词表达式，其值为 True 或 False。其结果是一个 f(x)值的列表，仅针对谓词表达式为 True 的那些 x 值。你选择组合使用 map、filter 和 lambda，还是使用列表推导式，更多的是因为偏好，而不是因为它们能力不同。选择权在你！

3.6.2 reduce

外星人刚刚了解了 map，感到很兴奋。在访问地球期间，他们购买了一些与业务相关的物品，并计划要求他们的雇主偿还款项。外星人需要做两件事：（1）将以美元（1 美元≈7 元）计价的支出清单转换为当地货币（外星币）；（2）汇总所有得到的值。汇率是 1 美元兑 3 个外星币，原始的美元金额列表是[14, 10, 12, 5]。因此，以外星币计，这 4 项的值分别为[42, 30, 36, 15]，总的还款要求为 42 + 30 + 36 + 15 = 123。

将列表从美元转换为外星币是没有问题的——我们用 map 和 triple 函数完成该操作。此处的附加步骤是将列表中的元素相加。我们可以为该任务编写一个递归函数。但是，还有另一个更通用的函数，即 reduce。这个函数值得作为替代方法介绍一下。

与 map 和 filter 一样，reduce 以一个函数作为它的第一个输入参数，并以一个列表作为它的第二个输入参数。下面有两个函数将用作 reduce 的输入。先定义一个名为 add 的函数，它接受两个参数并返回它们的和；再定义另一个名为 multiply 的函数，它接受两个参数并返回它们的乘积。

在使用 reduce 之前，你需要加上一行 from functools import reduce。你可以在 Python 提示符下使用该行，或在所有使用 reduce 的文件顶部包含它。

```
def add(x, y):
    """ returns the sum of its two inputs """
    return x + y

def multiply(x, y):
    """ returns the product of its two inputs """
    return x * y
```

下面是使用 reduce 的例子：

```
>>> reduce(add, [1, 2, 3, 4])        # 1 + 2 + 3 + 4
10

>>> reduce(multiply, [1, 2, 3, 4])  # 1 * 2 * 3 * 4
24
```

注意，在每个例子中，reduce 的第一个参数是一个函数，第二个参数是一个列表。有一个重要的约束：作为 reduce 的第一个参数的函数必须接受两个参数并返回单个结果。

reduce 做的事情是：它从列表中获取前两个元素，并使用提供的函数将它们归约为单个值；然后该过程继续进行，将得到的单个值与列表中的下一个元素结合，再次归约为单个值，并一直持续到仅剩单个值为止。reduce 中的计算是将所有美元值进行转换并求和：

```
>>> dollar_values = [14, 10, 12, 5]

>>>  reduce(add, map(triple, dollar_values))  # 42 + 30 + 36 + 15
123
```

本着完全披露的精神，我们应该告诉你 Python 有一个名为 sum 的内置函数，该函数会将列表中的元素相加。但是，reduce 更为通用，因为它允许我们在列表上执行想要的任意函数。

3.6.3 组合与 mapReduce

这个例子提供了一个机会，实现强大的通用化：mapReduce，该函数首先使用 map 转换列表中的值，然后使用 reduce 将结果合并为单个值。下面是这个通用函数的实现：

```
def mapReduce(mapFunction, reduceFunction, myList):
    """ applies the mapFunction to myList, element-by-element
        and then reduces the new list, via reduceFunction,
        and returns that value """

    return reduce(reduceFunction, map(mapFunction, myList))
```

例如，现在我们可以用 mapReduce 将价格从美元转换为外星币，并求总和，如下所示：

```
>>> mapReduce(triple, add, [14, 10, 12, 5])
123
```

这个 mapReduce 函数用途广泛，以至启发了 Google 内部软件设计的各个方面。要了解更多信息，你可以（当然）用 Google 搜索 mapreduce。

函数式编程遇上“心理治疗”

函数式编程背后的思想实际上早于计算机。逻辑学家 Alonzo Church 在 20 世纪 30 年代开发了一种称为 lambda 演算的数学框架，以研究理论上可计算的限制。（我们将在第 7 章讨论其中的一些问题。）lambda 演算是多种编程语言的基础，例如 20 世纪 50 年代由 MIT 开发的早期语言 LISP（现为 Lisp）。lambda 演算中的“lambda”是它在 Python 匿名函数中作为关键字出现的原因。

Lisp 和相关的函数式编程语言一直非常适合人工智能（Artificial Intelligence, AI）研究人员，因为它们非常适合分析文本。我们可以接受人类输入的内容并编写函数，将单词作为字符串处理，将句子作为字符串列表处理。这称为“自然语言处理”。（相对于编程语言，这里的“自然”是指人类语言。）

ELIZA 程序是自然语言处理和人工智能的早期有争议的例子之一，该程序是 Joseph Weizenbaum 教授于 20 世纪 60 年代中期在麻省理工学院首次编写的。ELIZA 冒充了心理学家，允许人类用户输入文本，然后由 ELIZA 处理并返回一个简单的响应，尽管它并不会意识到用户的情绪，但这种响应有时似乎非常合适。ELIZA 最初是由 Weizenbaum 用 SLIP 语言编写的，但后来用 LISP 重写。

下面是通过该程序在线版本，与 ELIZA 进行交互的实际笔录的开头：

（ELIZA：你好。我是 ELIZA。我能帮你吗？

你：我正在学习函数式编程。

ELIZA：你学习函数编程已有多长时间了？

你：我想已经有几个星期了。

ELIZA：你能详细说明一下吗？）

ELIZA 通常使用诸如“你能详细说明一下吗？”之类的通用回答。该软件并不打算从对话中发展出洞见或直觉。Weizenbaum 只是想利用 ELIZA 展示简单自然语言处理的强大能力。即便如此，它仍是软件对话主义者发展的开始，发人深省。软件是否能认知并进行对话？这是一个开放的问题。更重要的问题是，软件这样做是否符合道德？

3.7 函数作为结果

正如函数可以用作其他函数的输入一样，函数也可以作为返回值。下面的 scaleMaker 函数展示了函数返回函数时的样子：

```
def scaleMaker(n):
    """ scaleMaker takes in a numeric value, n
        scaleMaker returns a function that takes an input
        and returns n times that input """

    return lambda x: n*x
```

下面是使用 scaleMaker 的例子：

```
>>> f = scaleMaker(3)    # f is now a function that triples its input

>>>  f(14)
42

>>>  f(100)
300
```

甚至不必给返回的函数起名字！例如，

```
>>> scaleMaker(3)(14)    # scaleMaker(3) is the same as f, above
```

```
42
```

请注意，在 scaleMaker 函数的定义中，以下行：

```
return lambda x: n*x
```

看起来好像我们要返回的函数有两个变量 n 和 x。但是 lambda x:表示返回的函数只是具有一个变量 x 的函数。实际上，在上面的例子中，我们定义了 f = scaleMaker(3)，然后在 f(14)和 f(100)中，我们仅为 f 提供了一个参数。因此，返回的函数确实只接受单个输入参数。返回该函数后，n 的值不可更改。对于赋值 f = scaleMaker(3)，3 作为参数 n 传入 scaleMaker。因此，scaleMaker(3)返回 lambda x: 3*x，这是具有一个变量的函数。

尽管 scaleMaker 的能力不强，但它暗示了支撑现代计算的一个非常重要的想法：我们可以创建程序，程序又可以创建其他程序——一个功能强大且用途广泛的范式。实际上，绝大多数执行的软件是由其他程序编写的。

我想要一个函数，帮我写 CS 编程作业！

将其他函数作为参数（map、reduce 和 filter 等）或将函数作为结果返回（例如，scaleMaker）的函数，被称为高阶函数。函数式编程是一套策略，利用高阶函数和特定于任务的函数组合，来构建优雅、可理解、灵活的计算问题解决方案。

3.7.1 用 Python 做微积分

如果你学过微积分，可能会发现自己需要对函数求导。例如，$f(x)=x^2$ 的导数是一个新函数 $f'(x)=2x$。这里，从计算角度的关键观察结果是：一个函数的导数是另一个函数。利用符号运算来求导有许多规则，但通过计算来求导不需要任何规则！利用高阶函数，我们就有了所需的全部计算工具，可以求导到我们想要的任意精度，甚至可能超出我们的需要。

让我们看看用 Python 做微积分！

为了证明这一点，我们编写了一个 Python 函数，它以可控的精度计算任意函数 f(x)的导数。回顾一下我们的微积分笔记，函数 $f(x)$的导数是函数 $f'(x)$，定义如下：

$$f'(x)=\lim_{h\to 0}\frac{f(x+h)-f(x)}{h}$$

导数定义为“当 h 趋于 0 时的极限”。但是，对于很小的正 h 值，例如 h = 0.0001，我们会得到该极限的良好近似。我们可以减小 h，从而使近似值更加精确。因此，我们的目标是编写一个名为 derivative 的函数，它以一个函数和一个 h 值作为参数，并返回另一个函数，即针对该 h 值的导数的近似值。下面开始了：

微积分是数学的不可缺少的部分！

```
def derivative(f, h):
    """ returns a new function that approximates the derivative
        of f, using a domain-interval of width h """
```

```
    return lambda x: (f(x+h) - f(x)) / h
```

如前所述，derivative 返回一个函数。这个返回的函数接受参数 x，返回针对给定 h 在值 x 处的导数的近似值。

等一下！似乎我们要返回的函数使用的是一个函数 f 和两个数字变量（x 和 h），那么为什么在 lambda 之后只看到变量 x？这和我们之前使用 scaleMaker 函数时看到的问题一样。请记住，当我们调用 derivative 时，会向它传入函数 f 和数字 h。然后，只要在程序中看到 f 和 h，该函数和该数字都会被“插入”。在表达式 lambda x: (f(x+h) - f(x)) / h 中，f 和 h 都使用传入 derivative 的值。因此，返回的 lambda 匿名函数只有一个输入参数。

我们试一下。首先，我们定义一个函数 x^2 并称为 square：

```
def square(x):
    """ returns its input, squared """
    return x**2
```

现在我们使用 derivative 函数：

```
>>> g = derivative(square, 0.0001)

>>> g(10)
20.000099999890608
```

x^2 的实际导数为 $2x$，因此 $x = 10$ 时的导数正好为 20。这为我们提供了一个合理的近似值。为了进行比较，与 0.3333 和 1/3 相比，g(10)是更好的近似，与 3.1416 和 π 相比也更好。

如果我们求 $x = 10$ 处的二阶导数怎么办？要求 x^2 的二阶导数，我们可以对其一阶导数求导！我们看看 derivative 函数怎么实现：

```
>>> h = derivative(g, 0.0001)
>>>  h(10)
2.0000015865662135
```

对于 x 的所有值，x^2 的实际二阶导数为 2。

3.7.2 高阶导数

如果能让能力更加通用，我们为什么停在二阶导数上？让我们扩展这个模式，编写一个 Python 函数，求所需函数的 k 阶导数的近似值。

4 阶函数称为“quartic”，5 阶函数称为“quintic”，9 阶函数称为 “nonic”。100 阶函数？“Hectic”！

我们编写一个名为 kthDerivative(f, h, k)的函数，来做这件事。它使用的参数包含函数 f、小数 h 和正整数 k。利用这些输入，kthDerivative 会返回一个函数，该函数是 f 的 k 阶导数的近似值，其精度取决于 h。让我们练习一种函数式编程方法，使用 derivative 作为基本构建块。

为实现这个目的，基本情况是什么？函数 f 的 0 阶导数是它本身！

当 k>0 时，递归子结构是什么？好吧，根据定义，f 的 k 阶导数就是 f 导数的(k-1)阶导数。这样我们就可以组合 derivative 和 kthDerivative 本身了！下面是实现：

```
def kthDerivative(f, h, k):
    """returns a new function that is an approximation of
    the kth derivative of f, using domain-interval h """
    if k == 0:
        return f
    else:
        return derivative(kthDerivative(f, h, k-1), h)
```

我们通过定义 quartic 函数 x^4 来尝试一下。我们将取 3 阶导数，即 $24x$。如下所示：

```
def quartic(x):
    """ returns x**4 """
    return x**4

>>> g = kthDerivative(quartic, 0.0001, 3)

>>> g(10)
241.9255906715989
```

精确的答案是 240。请注意，随着导数深度的增加，误差会迅速累积。同样，较小的值有时也会导致精度降低！这些精度考虑是计算机科学的一个重要且成熟的子领域，称为“数值分析”。

这里，我们的目标是讨论组合，而不仅是微积分。尽管这是对导数的快速讨论，但也展示了函数式编程的一些不可或缺的特性，使它不同于其他类型的编程。

3.8 再谈 RSA 密码学

在本章开头，我们讨论了 RSA 加密。RSA 最初的论文将寻求安全通信的参与方命名为 Alice 和 Bob。Alice 希望能够安全地接收消息，而 Bob 希望安全地发送消息。

Alice 的方法是利用 RSA 算法来生成公钥和私钥。公钥是完全公开的，包括 Bob 在内的任何人都可以使用它来加密发给 Alice 的消息。但是，私钥完全属于 Alice，Alice 用它来解密利用公钥加密的邮件。

但他们怎么知道我们的名字是 Alice 和 Bob?

每个接收者都需要自己的公钥-私钥对。如果 Bob 也想接收加密的消息，则可以利用 RSA 生成自己的公钥和私钥。然后，他共享自己的公钥，并将私钥保存在安全的地方。当你要将加密的消息发送给 Alice 时，可以用她的公钥对消息进行加密。当你想向 Bob 发送消息时，请使用他的公钥。

在本节中，我们编写一个函数 makeEncoderDecoder()。该函数不接受任何输入参数。它构造 RSA 加密和解密密钥，并返回两个函数。返回的第一个函数是“加密函数”，它可以用于加密数据，并向所有人公开。加密函数利用该函数内置的加密密钥，因此用户无须自己记录密钥。当密钥有数百个数字时，这很方便！

makeEncoderDecoder()返回的第二个函数是“解密函数”，它是私有的，仅有 Alice（或你）知道。解密函数利用私钥（同样是内置的）来解密已经用上述公开加密函数加密的数据。Alice 和 Bob（以及你和你的朋友）将能够用 makeEncoderDecoder()来构造加密和解密函数，每个加密函数都将公开，每个解密函数将由其所有者保存。

下面是 Alice 使用 makeEncoderDecoder()的例子：

```
>>>  AliceEncrypt, AliceDecrypt = makeEncoderDecoder()
Maximum number that can be encrypted is 34

>>>  AliceEncrypt(5)
10
>>>  AliceDecrypt(10)
5

>>>  AliceEncrypt(31)
26
>>>  AliceDecrypt(26)
31
```

这里，makeEncoderDecoder()返回了两个函数，我们分别命名为 AliceEncrypt 和 AliceDecrypt。我们用 Alice 的加密函数对数据进行加密，然后用 Alice 的解密函数对结果进行解密，从而测试这两个函数。注意，在每种情况下，原始值都是通过解密获得的。

首先，我们通过本章前面的内容，回顾一下 RSA 的工作原理。我们先选择两个不同的随机素数 p 和 q（在实际中很大，但这里我们使用小数字进行测试）。我们计算 $n = pq$ 和 $m = (p-1)(q-1)$。然后，我们选择公共加密密钥 e 为 2～m–1 的随机素数，使得 e 不能整除 m。接下来，我们将解密密钥 d 构造为 e 模 m 的乘法逆，即唯一的数字 d，能使得 $d \leqslant m-1$ 且 $ed \bmod m = 1$。现在，通过计算 $y = x^e \bmod n$，我们可以加密 1～n–1 的数字 x。值 y 是已加密的消息。我们可以通过计算 $y^d \bmod n$ 来解密 y。

我们已经编写了产生素数列表的函数。为此，我们将使用 primeSieve。回想一下，此函数接受从 2 到某个最大值的连续整数列表，并返回该范围内所有素数的列表。我们的首要任务是调用 primeSieve 函数，并从该列表中选择两个不同的素数。现在，我们将素数的范围限制为 2～10。这对于测试很有用，以后你可以将最大值从 10 改为更大的值。

要随机选择数据项，我们将利用 Python 的 random 库。Import random 一行允许我们使用该库（或程序包）中的函数。在线文档将列出随机库中可用的函数。或者，在导入后，你可以在提示符处输入 help(random)来查看文档。

random.choice是random中有用的一个函数，它以列表作为参数，返回列表中随机选择的元素。下面是使用random.choice的例子：

```
>>>  import random
>>> random.choice([1, 2, 3, 4])
3
>>> random.choice([1, 2, 3, 4])
2
>>> random.choice([1, 2, 3, 4])
2
```

请注意，每次调用 random.choice 时，都会从输入列表中返回一个新的、独立生成的随机元素。

对于 RSA，我们需要选择两个不同的素数。我们可以使用 random.choice 两次，但是有可能两次会获得相同的素数，这是我们要避免的。因此，我们将在 random 库中使用另一个函数 random.sample。它带有两个输入参数：一个列表，以及我们从该列表中随机选择的样本项数。只要列表元素是唯一的，并且我们要求样本大小不大于列表大小，我们将获得一个不同元素的列表。例如：

```
>>> import random
>>> random.sample([1, 2, 3, 4], 2)    # Pick a 2-item sample
[4, 3]
>>> random.sample(range(2, 100), 3)   # Pick a 3-item  sample
[17, 42, 23]
```

如果一个函数返回包含多个数据项的列表，并且我们知道该列表中有多少个数据项，我们可以分别为每个数据项分配名称，如下所示：

```
>>> import random
>>> a, b = random.sample([1, 2, 3, 4], 2)
>>> a
4
>>> b
3
```

在这个例子中，我们知道 random.sample 函数将返回两个数据项的列表（因为我们要求这样做!），我们将这些数据项中的第一个赋值给变量 a，第二个赋值给变量 b。这种语法称为“多重赋值”。

秉承自顶向下的设计精神，我们暂时假设有一个函数inverse(e, m)，该函数返回 e 模 m 的乘法逆，即唯一数字 $d < m$，能使得 $ed \bmod m = 1$。稍后我们将实现该inverse函数，但先假设它存在，我们有了makeEncoderDecoder()所需的所有要素：

```
def makeEncoderDecoder():
    """ returns two functions
        The first is an RSA encryption function
        The second is an RSA decryption function """
```

```
    # We choose 2 distinct primes:
    p, q = random.sample(primeSieve(range(2, 10)), 2)

    n = p*q           #  compute  n
    m = (p-1)*(q-1)   #  compute m
    if m == 2:        # in this case, there's no value for e
        return makeEncoderDecoder()      # we try again

    # Choose a random prime for e:
    e = random.choice(primeSieve(range(2, m)))

    if m % e == 0:    # If e divides m, it won't work!
        return makeEncoderDecoder()     # we try again
    else:
        print("Maximum number that can be encrypted is ", n-1)
        d = inverse(e, m)               # compute d
        encoder = lambda x: (x**e) % n  # encryption function
        decoder = lambda y: (y**d) % n  # decryption function
        return  [encoder,  decoder]
```

像承诺的一样，这个函数返回两个函数的列表：加密函数和解密函数。加密和解密密钥 e 和 d 是嵌入在这两个函数中的值。

我们还需要 inverse(e, m)函数。我们正在寻找唯一的数字 d，能使得 $d<m$ 且 $ed \bmod m=1$。也就是说，我们要寻找 range(1, m)中满足特定约束的值。这是使用 filter 的最佳时机！调用 filter 会计算出一个单元素列表，然后返回该元素：

```
def inverse(e, m):
    """ returns the multiplicative inverse of e mod m  """
    L = filter(lambda d: e*d % m == 1, range(1, m))
    return  L[0]
```

太惊人了！RSA 可以如此简洁地表达，这是函数式编程风格的证明。试试看！

当然，makeEncoderDecoder()肯定有一些地方可以改进和扩展。举一个例子，我们为 p 和 q 选择的素数为 2～10。我们可以很容易地将 10 更改为更大的数，并且我们确实不希望素数小到等于 2。如果 m 为 2，则 e 可能没有值！另一方面，primeSieve 函数预期会得到以 2 开头的数字列表。你知道为什么吗？为了将其限制为大素数，我们可以首先生成从 2 开始的素数，然后切掉较小的素数。另外，makeEncoderDecoder()可能会选择一个加密密钥 e，它是 m 的因数。在这种情况下，就像 m 为 2 时一样，我们只需从头开始再次尝试即可。

我不介意我的软件是否正常工作，但它必须“有礼貌”！

你也可能有理由认为，加密数字不像加密字符串那样有趣。同意！但是从某个角度来看，字符串和数字是相同的。实际上，第 4 章将这种观点形式化。因此，为了加密字符串，我们首先将它们转换为等效数字，然后对这些数字进行加密。解密首先解密为数字表示形式，然后转换为原始字符串。这实际上就是加密程序的工作方式！

3.9 结论

在本章中，我们看到了一个“漂亮”的思想：函数是 Python 的一等公民，这让我们能够像对待任何其他类型的数据一样对待它们。特别是，函数既可以是其他函数的参数，也可以是其他函数的结果。因此，可以通过传入适当的函数，来利用通用的高阶函数（例如 `map`、`reduce` 和 `filter`）。此外，我们可以编写其他高阶函数，它们产生的结果是函数，这让我们可以轻松地编写一个程序来编写其他程序。

本章介绍并利用了源自基本构建块（函数、变量和条件）的强大抽象和通用性，这些构建块组成了所有的软件。

然而，这些是所有计算的“概念性”构建块，它们不是物理上的。开发物理上执行软件的计算机背后也有同样吸引人的故事，这些软件包括从这里的普通 Python 示例一直到 Google 的 `mapReduce` 框架表示的大规模处理。第 4 章将提出：“没有思想的设备如何准确地完成所有这些事情？”为了回答这个问题，我们会拉开抽象的帷幕，以了解计算机如何完成其任务。

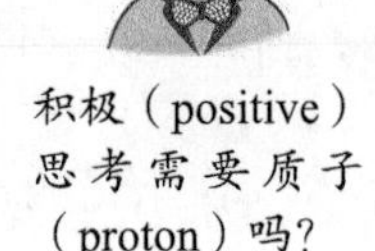
积极（positive）思考需要质子（proton）吗？

关键术语

anonymous function：匿名函数

computationally hard problem：难计算问题

cryptographic techniques：密码技术

decryption function：解密函数

encryption function：加密函数

encryption/decryption：加密/解密

functional programming languages：函数式编程语言

generalization：通用化

list comprehension：列表推导式

list concatenation：列表连接

mapping：映射

multiple assignment：多重赋值

predicate：谓词

quartic function：4 阶函数

RSA

sieve of Eratosthenes：埃拉托斯特尼筛法

sifting：筛掉

top-down design：自顶向下的设计

练习

判断题

1. 内置的 filter 函数带有两个参数：函数 f 和一个列表。函数 f 必须只有一个输入参数，并且必须返回布尔值。

2. 内置的 map 函数带有两个参数：函数 f 和一个列表。函数 f 必须只有一个输入参数，并且必须返回布尔值。

3. 内置的 reduce 函数带有两个参数：函数 f 和一个列表。函数 f 必须恰好具有两个输入参数。

4. 代码行 len(list(filter(lambda x: x > 0, range(-10, 10))))返回值 9。

5. 代码行 reduce(lambda x, y: x*y, range(1,5))返回值 24。

填空题

1. 填空，使得下面的代码行返回一个列表，包含 L 中介于 42 和 100 之间的所有值：

```
list(filter( lambda____, L))
```

2. 填空，使得下面的代码行返回一个列表，包含列表 L 中以相同字母开头和结尾的所有字符串：

```
list(filter( lambda____, L))
```

3. 填空，使得对于给定的数字列表 L，下面的代码行返回与 L 长度相同的列表，但如果数字为偶数，则替换为 0，如果数字为奇数，则替换为 1：

```
list(map(lambda____, L))
```

4. 填空，使得对于给定的字符串列表 L，以下代码行返回单个字符串，该字符串是列表中所有字符串的连接。例如，如果 L 为 ["I", "love", "aliens"]，则输出为"Ilovealiens"：

```
reduce(lambda____, L)
```

5. 填空，使得下面的代码行返回列表 L 中的最长字符串。例如，如果 L 为["I", "love", "aliens"]，则输出为"aliens"：

```
reduce(____, L)
```

在该空格内，你可能想用内置的 map 和 max 函数，该函数以两个数值参数作为输入，返回两者中较大的一个。

讨论题

1．描述一个本章未提到的应用程序，在该应用程序中，让一个函数以另一个函数作为输入很有用。

2．描述一个本章未提到的应用程序，在该应用程序中，让一个函数返回另一个函数作为输出很有用。

3．为什么 lambda 在编程语言中是一个便利的特性？

编程题

1．外星人非常痴迷于完全平方数。假设我们有一个名为 `isSquare(n)`的函数，该函数以一个正整数 `n` 作为输入，如果该数字是一个完全平方（例如 1、4、9、16），则返回 `True`；否则返回 `False`。利用 `filter` 编写一行 Python 代码，该代码返回 1～1000 的所有完全平方数的列表。你的代码可以调用 `isSquare` 函数。

2．利用 `filter` 和匿名函数编写一行代码，该代码返回 1～1000 所有以数字 9 结尾的整数的列表。在这种情况下，你会在 `filter` 内部使用匿名函数。（也可以通过其他方式完成这个任务，但是我们希望你在这里练习使用 `filter` 和匿名函数！）

3．利用 `filter` 和匿名函数编写一行代码，该代码返回一个整数列表，这些整数为 1～1000，并且是 3 的整数倍或以 9 结尾的数字。（在匿名函数中，你可以使用 Python 的布尔连接词 `or`、`and` 和 `not`，就像在任何函数中一样！）

4．“我无法得到足够的完全平方数！”外星人说。假设我们有一个名为 `square(x)`的函数，该函数返回 `x` 的平方。利用 `map` 编写一行代码，返回包含 1～100 的整数平方的列表。

5．现在，在不使用 `square(x)`的情况下完成上一个练习，改用带有匿名函数的 `map`。

6．继续前面的练习，假设我们有一个函数 `add(x, y)`，它返回 `x` 与 `y` 的和。利用 `map`、`reduce` 和一个匿名函数编写一行代码，返回 1～100 的整数的平方和。也就是说，这行代码应该返回的值为 $1^2 + 2^2 + \cdots + 100^2$。

7．外星人说：“我仍在努力理解列表推导式。”利用列表推导式编写一行代码，该代码返回 1～100 的数字的立方的总和（也就是说，列表应为 $1^3 + 2^3 + \cdots + 100^3$）。

8．利用列表推导式编写一行代码，返回一个列表，包含 1^3～100^3 的所有完全立方数，并且是 3 的倍数。

9．“所有美好的事物都以字母`'a'`开头”，外星人说。编写一个简短的 Python 函数，以一个字符串列表作为输入，并使用 `map`，返回以字母`'a'`开头的那些字符串的列表。

10．使用列表推导式而不是 `map` 完成上一个练习。

11. “还有一个练习可以探索递归的强大力量。”外星人眨眨眼说。编写一个名为 `power(k)` 的 Python 函数，该函数以数字 `k` 作为输入，返回一个函数，它在输入 `x` 上返回 `kx`。例如，一旦你编写了 `power` 函数，我们就应该能够这样用它：

```
>>> f = power(2)
>>> f(10)
100
```

第 4 章　计算机组织

计算机没用。它们只能给你答案。

——Pablo Picasso

4.1　计算机组织概论

当我们运行 Python 程序时，计算机内部实际发生了什么？虽然我们希望递归现在对你来说不再像魔术，但电子器件实际上可以解释和执行像递归程序这样复杂的东西，这个事实似乎很像（这里该用什么词好？）外星科技。打个比方，本章的目的就像是撬起计算机的盖子，然后窥视内部，了解那里实际发生的事情。

嘿！

你可以想象，计算机是一件复杂的东西。现代计算机具有数十亿个晶体管。跟踪所有这些组件如何相互作用是不可能的。因此，计算机科学家和工程师利用所谓的“多层抽象”来设计和考虑计算机。最低层是诸如晶体管之类的组件，这是现代电子器件的基本组成部分。利用晶体管，我们可以构建更高级的器件，称为“逻辑门”，即下一个抽象层。通过逻辑门，我们可以构建执行加法、乘法和其他基本操作的电子器件，这是另一个抽象层。我们不断提高抽象层，通过较基本的器件来构建较复杂的器件。

结果，一台计算机可以由多个人设计，每个人都在考虑他们特定的抽象层。一种类型的专家可能会致力于设计更小、更快、更高效的晶体管。另一类专家的工作可能是使用这些晶体管（不关心它们的工作原理），来设计基于晶体管的更好的组件。还有一类专家将努力决定，如何将这些组件组织为执行关键计算函数的甚至更复杂的单元。每位专家都很感激能够站在另一位专家的肩膀上（比喻），后者工作在下一个较低的抽象层上。

打个比方，一个建筑商考虑用木头、钉子和石膏板建造墙壁。建筑师使用墙壁来设计房屋，而不必过多担心墙壁的建造方式。城市规划人员会考虑用房屋设计城市，而不必过多考虑房屋的建造方式，等等。这个思想称为“抽象”，因为它让我们能够抽象地使用较低级别的思想来思考特定层次的设计，而不必记住较低层次发生的所有具体细节。

这个看似简单的抽象概念，是计算机科学中最重要的概念之一。不仅计算机是以这种方式设计的，软件也是如此。一旦有了基本的主要函数，例如 map、reduce 和其他函数，我们就可以使用它们来构建更复杂的函数。然后，我们可以在许多地方使用这些更复杂的函数，来构建更复杂的软件。本质上，我们将其模块化，以便我们可以重复使用好东西来构建更大的好东西。

本着这种精神，我们将从研究如何在计算机中表示数据开始。接下来，我们将逐步探讨从晶体管一直到功能完善的计算机的各个抽象层。我们将使用计算机自己的“本机”语言进行编程，并讨论你的 Python 程序最终如何翻译成该语言。在本章结束时，我们将了解在计算机上运行程序时发生的事情。

4.2 表示信息

从最根本上讲，计算机并不是真正懂数学，也不了解计算的含义。即使一台计算机计算 1 + 1 得到 2，它实际上也不是在处理数字，而是根据特定规则来操纵电流。

为了让这些规则产生对我们有用的东西，我们需要将计算机内部的电信号与人类喜欢使用的数字和符号相关联。

4.2.1 整数

这是一个令人震惊（触电）的想法！

将电信号与数字关联的明显方法，是在电压（或电流）和数字之间指定直接的对应关系。例如，我们可以让 0V 对应于数字 0，让 1V 对应于 1，10V 对应 10，依此类推。曾经有一段时间，这是在所谓的模拟计算机中完成的。但是这种方法存在一些问题，不仅仅是需要一台百万伏特的计算机！

这是谁的好主意？让人眼前一亮。

下面是另一种方法。设想我们使用灯泡来表示数字。如果灯泡熄灭，则数字为 0；如果灯泡点亮，则数字为 1。这很好，但是它只能表示两个数字。

好吧，让我们升级到三光灯泡。三光灯泡实际上具有 4 个开关位置：关闭和 3 个增加的亮度级别。在内部，三光灯泡有两根灯丝（见图 4.1），一根暗，一根亮。例如，一根灯丝可能是 50W，另一根灯丝可能是 100W。通过一个也不选择、选择一个、选择另一个、选择两个，我们可以得到 0W、50W、100W、150W 的灯丝。我们可以用那个灯泡代表数字 0、50、100 和 150，也可以决定 4 个级别分别代表数字 0、1、2 和 3。

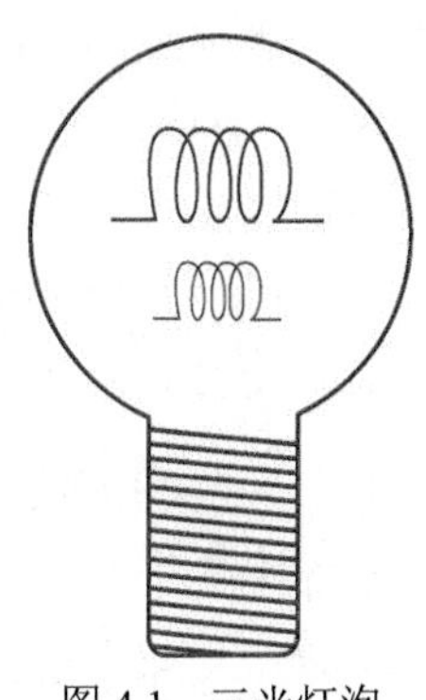

图 4.1 三光灯泡

在内部，计算机使用相同的思路表示整数。不是像上面的照明示例那样使用 50、100 和 150，而是使用 2 的幂组合的数字。设想我们有一个灯泡，灯泡上有 2^0 W、2^1 W 和 2^2 W 的灯丝。然后，我们不打开任何灯丝就可以得到数字 0，仅打开 2^0 W 的灯丝就可以得到数字 1，通过打开 2^1 W 的灯丝可以得到 2，以此类推，直到打开全部 3 根灯丝，得到 $2^0 + 2^1 + 2^2 = 7$ 。

现在设想我们拥有以下 4 个连续的 2 的幂：2^0 、2^1 、2^2 和 2^3 。请花一点时间，利用若干这些 2 的幂，写出数字 0、1、2 等，直到最大可能值。暂停阅读，我们会等你尝试完成这个任务。

如果一切顺利，你会发现可以利用0个或多个这些2的幂，得到0～15的所有整数。例如，13可以表示为$2^0+2^2+2^3$。

这个世界上有10种人：懂二进制的人和不懂二进制的人。

写成另一种方式就是：

$$13=1\times2^3+1\times2^2+0\times2^1+1\times2^0$$

请注意，我们在左边写了较大的2的幂，在右边写了较小的2的幂。我们很快就会看到，这一惯例很有用。上式中的0和1（即2的幂的“系数”）指出是否使用了2的特定幂。这些0和1系数称为“比特”（bit），代表二进制数字。二进制表示使用两个值——这里，两个值是0和1。

使用比特序列来表示数字而无须明确表示2的幂，这很方便。例如，我们会使用比特序列1101来表示数字13，因为这是比特在上述等式中出现的顺序。同样，0011代表数字3。我们通常忽略前导（即最左边）0，所以我们可以将它写成11。

我们在这里使用的表示形式称为“基数为2”，因为它基于2的幂。当然！你也可以使用基数为10的数字。在基数为10的数字中，数字由10的幂构成，并且我们不仅仅使用0和1作为系数，而是使用0～9。例如，序列603实际上意味着：

$$6\times10^2+0\times10^1+3\times10^0$$

其他基数也有用。例如，北加利福尼亚州的美国原住民部落由基人（Yuki）使用8为基数。在以8为基数时，我们使用8的幂，并且使用的系数是0～7。因此，例如，以8为基数的序列207表示：

在《星球大战》中，赫特人有8个手指，因此也以8为基数。

$$2\times8^2+0\times8^1+7\times8^0$$

这是135（以10为基数）。人们相信，由基人使用8为基数，是因为它们使用了手指之间的8个“槽”进行计数。

请注意，如果我们选择某个基数b（其中b是大于或等于2的某个整数），用作系数的数字是0～b-1。为什么？不难从数学上证明，当我们使用这种约定时，可以用d个数字表示0～b^d-1的正整数。此外，这个范围内的每个整数都有唯一的表示形式，这很方便，因为它避免了相同数字具有多个表示形式的麻烦。例如，就像42在基数10中没有其他表示形式一样，在基数2中的数字1101（我们刚刚看到，在基数10中是13）也没有其他表示形式。

许多较旧的或较小的计算机使用32比特来表示以2为基数的数字。我们机智地称它们为“32比特计算机”。因此，我们可以唯一地表示0～$2^{32}-1$（即4，294，967，295）的所有正整数。功能强大的现代计算机使用64比特表示每个数字，可以表示最大$2^{64}-1$的整数，大约是18万亿。

4.2.2 算术

以2为基数、以8为基数或以42为基数的算术类似于以10为基数的算术。例如，让我们考虑加法。基数为 10 时，我们就是从最右边的列开始，我们将这里的这些数字相加，并在需要时“进位”到下一列。例如，当进行以下计算时：

我们会开心地做加法！

$$\begin{array}{r} 17 \\ +25 \\ \hline \end{array}$$

5 + 7 = 12，所以我们在最右边的列中记下 2，并进位 1。那个 1 代表 10，因此传播（即“进位”）到下一列代表 10 的位置。

我们将尽量不对这些例子激动不已，但你应该尝试计算一些以 2 为基数的数字相加，以确保你理解了它。

以 2 为基数的加法几乎相同。让我们来计算 111（你应该记得，以 10 为基数是 7）加上 110（以 10 为基数是 6）。我们从最右边（或“最低有效”）列开始，将 1 加到 0，得到 1。现在，我们移至下一列，即 2^1 位，即表示 2 的位置。两个数字中的每一个在此位置都为 1。1 + 1 = 2，但我们在基数为 2 时仅使用 0 和 1，因此在基数为 2 时，我们会得到 1 + 1 = 10。这类似于在基数为 10 时计算 7 + 3：我们写下 0 而不是写下 10，并将 1 进位到下一列。同样，在基数为 2 时，对于 1 + 1，我们写下 0，并将 1 进位到下一列。

你知道为什么这样可行吗？在 2 的位置有 2，相当于在 4 的位置有 1。一般来说，在对应于 2^i 的列上有一个 2，相当于在对应于 2^{i+1} 的下一列中有一个 1，因为 $2 \times 2^i = 2^{i+1}$ 。

要点： 在你喜欢的基数中，加、减、乘和除都类似于基数为 10 时的那些运算！

4.2.3　负数思维

我们已经成功地以 2 为基数来表示数字，并对它们进行了算术运算。但是我们所有的数字都是正数。表示为负数怎么样？分数呢？

让我们从负数开始。一种相当明显的方法，是保留 1 比特来指示数字是正数还是负数。例如，在 32 比特计算机中，我们可能将最左边的比特用于此目的。将该比特设置为 0 可能意味着剩余的 31 比特表示的数字为正，而如果最左边的比特为 1，则剩余的数字将被视为负。这称为“符号-大小”表示。我们付出的代价是我们损失了一半的范围（因为在我们的示例中，由于现在只有 31 比特来表示数字的大小）。虽然我们并不想在这里说得太消极，但更大的问题在于，构建计算机电路来操纵符号幅度数字是很棘手的。作为替代，我们使用所谓的“二进制补码”系统。

二进制补码背后的思想是这样的：如果将数字的表示形式加上其负数的表示形式总和为 0，这将非常方便。例如，由于 3 加上–3 为 0，所以如果 3 的二进制表示形式加上–3 的二进制表示形式总和为 0，就很好了。我们已经知道 3 的二进制表示形式是 11。假设我们有一台 8 比特计算机（而不是 32 比特或 64 比特），只是为了让这个例子比较容易。然后，包括前导 0，3 将表示为 00000011。现在我们如何表示–3，使得将它与 00000011 相加后表示为 0，即 00000000？

请注意，如果我们“翻转”3 的表示形式中的所有比特，就得到 11111100。另外，00000011 + 11111100 =11111111。如果对此再加 1 比特，则得到 11111111 + 00000001，当我们用进位进行加法时，我们得到 100000000，即 1 后跟 8 个 0。如果计算机仅使用 8 个比特来表示每个数字，则不会记录最左边的（第 9 个）比特！在这种情况下，保存的只是低位 8 比特 000000000，即 0。因此，要表示–3，我们可以简单地取 3 的表示形式，翻转这些比特，然后对它加 1。请尝试一下，确保你理解它的工作原理。

总之，在二进制补码系统中表示负数需要先翻转正数的比特，然后再加 1。

4.2.4 分数：拼接在一起

如何表示分数？一种方法（通常在视频和音乐播放器中使用）是建立一种约定，即以某种方便的分数为单位来度量一切（就像我们的三光灯泡以 50W 为单位工作）。例如，我们可能决定所有内容都以 0.01 为单位，因此数字 100111010 并不代表 314，而是代表 3.14。

这种方法的问题在于，科学计算通常需要比该策略提供的精度更高和数字范围更大的数字。例如，化学家经常使用的数值约为10^{23}或更高（阿伏伽德罗常量约为6.02×10^{23}），而核物理学家使用的数值可能小至10^{-12}，甚至更小。

可以按以下方式解决此问题：假设我们以 10 为基数进行操作，并且只有 8 位数字代表我们的数字。我们可能会使用前 6 位数字来表示一个数，并约定在第一个数字之前有一个隐式的 0 和一个小数点。例如，6 个数字 123456 将代表数字 0.123456。然后可以用最后两位数字来表示 10 的幂的指数，因此 12345678 将代表0.123456×10^{78}。计算机利用类似的思想来表示小数，只是用基数 2 代替了基数 10。

4.2.5 字母和字符串

如你所知，计算机不仅仅可以操作数字，还可以处理符号、单词和文档。现在我们有了将数字表示为多个比特的方法，可以使用这些数字表示其他符号。

用数字表示字母相当容易。我们只需要对编码达成协议，即“约定”。例如，我们可能决定 1 代表“A”，2 代表“B”，依此类推。或者我们可以用 42 代表“A”，用 97 代表“B”。只要我们完全在自己的计算机系统中工作，就没有关系。

但是，如果我们想将文档发送给朋友，那么与更多的人而不只是与我们自己达成协议，就会有所帮助。很久以前，美国国家标准协会（American National Standards Institute，ANSI）发布了这样的协议，称为 ASCII（读作“ask-ee”，代表美国信息交换标准码）。它定义了大写和小写字母、数字和一组选定的特殊字符的编码，所有这些恰好是印在标准美式键盘上的符号，这并非巧合。

尽管我发现，与自己达成协议通常比较容易。

你可以在网上查找 ASCII 编码标准。另外，你可以用 Python 函数 `ord` 查找任何符号的数字表示形式。例如：

```
>>> ord('*')
42
>>>  ord('9')
57
```

在 ASCII 中，数字 42 表示星号（*）。

为什么'9'的序数值报告为 57？请记住，带引号的'9'只是一个字符，像星号、字母或标点符号一样。在 ASCII 约定中，它显示为字符 57。顺便说一下，与 ord 相对的是 chr。键入 chr(42)将返回星号'*'，而 chr(57)将返回字符'9'。

ord 代表 “ordinal”（序数）。你可以将它看作是在询问该符号的“序号”

ASCII 中的每个字符都可以用 8 比特表示，通常称为一个字节(Byte)。不幸的是，只有 8 比特的 ASCII 只能表示 256 个不同的符号。(你可能会发现，在这里暂停一下并编写一个简短的程序很有趣，该程序是以 0～255 计数的，并且针对这些数字中的每一个，输出与该数字相对应的 ASCII 符号。你会发现，某些符号输出很奇怪，甚至是不可见的。(在网上查找一下，了解更多原因。)

似乎 256 个符号已经很多了，但是它没有提供法语等语言中使用的带重音符号的字符，更不用说西里尔字母、梵语字母或成千上万的中文和日语符号了。

有时将 4 比特称为“nybble（半字节）”；对于这种可怜的、书呆子式的双关语，我们不承担任何责任。

为了解决这一疏忽，国际标准化组织(International Organization for Standardization，ISO——读作 “eye-so”，而不是念单个字母）最终设计了一个名为“Unicode” 的系统，它可以表示每种已知语言中的每个字符，并为未来的增长留有空间。因为 Unicode 对于英语文档有点浪费空间，所以ISO还定义了几种节省空间的Unicode转换格式(Unicode Transformation Format, UTF)，其中最流行的是 UTF-8。你可能已经在计算机上使用了 UTF-8，但是我们在这里不做详细介绍。

甚至还有非官方的克林贡语 Unicode 符号！

当然，单个字母本身并不是很有趣。人们通常喜欢将字母串在一起，并且我们已经看到，Python 使用一种名为“字符串”的数据类型来实现这一点。用数字序列很容易做到这一点。例如，在 ASCII 中，序列 99、104、111、99、111、108、97、116、101 解释为“chocolate”。唯一缺少的细节是，当给定一长串数字时，你必须知道何时停止。常见的约定是在序列的最开始处包含“长度字段”。这个数字告诉我们字符串中有多少个字符。(Python 使用了长度字段，但对我们隐藏了它，以防止字符串显得混乱。)

4.2.6 结构化信息

那会有一点点烦人！

使用相同的概念，我们几乎可以将任何信息表示为数字序列。例如，图片可以表示为排列成行的一系列彩色点。每个彩色点（也称为“图像元素”，即像素）可以表示为 3 个数字，给出该像素处的红色、绿色和蓝色分量。同样，声音是空气中声压级的时间序列。影片是更复杂的单个图片的时间序列，通常为每秒24帧或30帧，并伴随匹配的声音序列。

这又是抽象层的概念！比特组成数字，数字组成像素，像素组成图片，图片组成影片。一部两小时的影片可能需要数十亿比特，但是制作或观看影片的人都不想考虑所有这些比特！

4.3 逻辑电路

既然我们已经采用了一些有关数据表示的约定，那就是时候构建一些器件来处理数据了。我们将从低层的晶体管抽象开始，然后沿着“食物链”式的抽象层，向上移动到更复杂的器件，然后是可以执行加法和其他基本操作的单元，最后到功能完善的计算机。

我最喜欢的食物连锁店（食物链，双关语）卖甜甜圈。

4.3.1 布尔代数

在第2章中，我们讨论了布尔变量，即值为`True`或`False`的变量。事实证明，布尔变量是计算机工作原理的核心。

正如我们在上一节中提到的那样，以2为基数（也称为二进制）表示数据非常方便。二进制系统有两个数字0和1，就像布尔变量具有两个值`False`和`True`一样。实际上，我们可以认为0对应于`False`，1对应于`True`。事实上，Python也是这样认为的。通过一种有趣的方式可以看到这一点：

```
>>> False + 42
42
>>> True + 2
3
```

很奇怪，但是确实如此：在Python中，`False`确实为`0`，`True`确实为`1`。顺便说一下，在许多编程语言中，情况并非如此。实际上，将`False`和`True`与数字`0`和`1`直接关联是不是一个好主意，编程语言设计人员就此展开了有趣的辩论。一方面，我们通常以这种方式来看`False`和`True`。另一方面，它可能导致诸如`False + 42`之类的令人困惑的表达式，这些表达式难以阅读，并且容易导致程序员犯错误。

有了布尔值`True`和`False`，我们看到可以使用运算符`and`、`or`和`not`来构建更有趣的布尔表达式。例如，`True and True`同样是`True`，`True or False`为`True`，而`not True`为`False`。现在我们可以针对0和1模拟这3个操作：1 AND 1 = 1，1 OR 0 = 1，NOT 1 = 0。

我们用大写字母写这些表达式，表示我们在谈论的是对0和1比特的操作，而不是Python的内置and、or和not。

尽管你对AND、OR和NOT的直觉可能很好，但是我们可以用真值表（输入变量值的所有可能组合的清单以及函数产生的结果）定义这3个操作，从而非常精确地描述这3个操作。例如，AND的真值表为：

x	y	x AND y
0	0	0
0	1	0
1	0	0
1	1	1

在布尔表示法中，AND 通常表示为乘法。查看上表可以发现，只要 x 和 y 为 0 或 1，x AND y 实际上就等于乘法。因此，我们经常会用 xy 来表示 x AND y。

要点：当且仅当其两个参数均为 1 时，AND 的结果为 1。

OR 是带两个参数的函数，如果两个参数之一为 1，则该函数为 1。OR 通常用加号表示，例如 $x+y$。OR 的真值表为：

x	y	x OR y
0	0	0
0	1	1
1	0	1
1	1	1

上表的前 3 行确实与加法相同，但请注意，第四行是不同的。

要点：如果 OR 的任意一个参数为 1，则结果为 1。

最后，NOT 是带一个参数的函数，产生其参数相反的值。通常用顶上加横表示，例如 $\overline{x}$。

NOT 的真值表为：

x	NOT x
0	1
1	0

4.3.2 产生其他布尔函数

令人惊讶的是，布尔变量的任何函数，无论多么复杂，都可以用 AND、OR 和 NOT 表示。不需要其他操作，因为我们可以看到，任何其他操作都可以由 AND、OR 和 NOT 组成。在本节中，我们将展示如何做到这一点，这又使得我们能够构建电路来完成算术这样的事情，并最终使得我们能够构建计算机。

作为从这些简单的运算符构建复杂函数的示例，请考虑下面的真值表描述的函数。这个函数名为 implication，写为 $x \Rightarrow y$。

x	y	$x \Rightarrow y$
0	0	1
0	1	1
1	0	0
1	1	1

这个 implication 函数可以表示为$\overline{x}+xy$。要了解原因，请尝试为$\overline{x}+xy$构建真值表。也就是说，对于x和y的4个可能组合中的每一个，求值$\overline{x}+xy$。例如，当$x=0$且$y=0$时，请注意$\overline{x}$为1。由于1和任何其他值的OR始终为1，因此在这种情况下，我们看到$\overline{x}+xy$的值为1。啊哈！这恰好是我们在上面的真值表中，对应于$x=0$和$y=0$得到的值。如果继续对接下来的3行这样做，则会看到$x \Rightarrow y$和$\overline{x}+xy$的值总是匹配。换句话说，它们是等价的。这种枚举每个可能输入的输出的方法，是证明两个函数等价的万无一失的方法，尽管这有点费力。

对于简单的布尔函数，通常只需检查真值表，即可为该函数找到一个表达式。但是，这样做并不总是那么容易，尤其是对于有两个以上输入的布尔函数。因此，最好有一种系统的方法来从真值表构建表达式。“最小项扩展原理”为我们提供了这种方法。

我们将通过一个示例，来了解最小项扩展原理的工作方式。具体来说，我们将针对上述 implication 函数的真值表进行尝试。请注意，当输入为$x=1$且$y=0$时，真值表告诉我们输出为0。但是，对于其他3行（即成对的输入），输出更有趣，是1。我们将针对这些输出为1的行，为每一行构建一个定制的逻辑表达式。首先，考虑行$x=0$，$y=0$。请注意，对于这一对输入，表达式$\overline{x}\,\overline{y}$的值为1，因为NOT 0为1，而1 AND 1为1。此外，请注意，对于其他每对可能的x和y值，表达式$\overline{x}\,\overline{y}$的值为0。你知道为什么吗？$\overline{x}\,\overline{y}$求值为1的唯一方法，是$\overline{x}$等于1（因此$x$等于0）且$\overline{y}$等于1（因为我们在这里计算AND，而AND仅在两个输入均为1时，输出才为1）。$\overline{x}\,\overline{y}$项称为“最小项”。你可以认为它是定制的，以便让输入$x=0$，$y=0$“开心”（求值为1），而对于其他所有输入对不做任何事情。

也许“最小项”应该称为“开心项”。

我们还没有完成！现在，我们需要定制一个最小项，对于输入$x=0$，$y=1$，它求值为1，并对另外两对输入求值为0。请花一点时间尝试写出这样一个最小项。

你想出的最小项应该是$\overline{x}y$。当且仅当$x=0$且$y=1$时，该项求值为1。类似地，对于$x=1$，$y=1$，最小项是xy。

既然我们有了这些最小项，每个最小项针对真值表中输出为1的一行，下一步该怎么做？请注意，在我们的示例中，如果第一个最小项的值为1，或第二个最小项的值为1，或第三个最小项的值为1，则函数应输出1。注意上一句中的“或”字。我们要对这3个最小项的值进行OR运算。这给出了表达式$\overline{x}\,\overline{y}+\overline{x}y+xy$。对于真值表的第一行、第二行和第四行，此表达式均求值为1。第三行，即$x=1$，$y=0$的“无趣”情况，应该输出为0吗？回想一下，我们表达式中的每个最小项都是经过定制的，使得一个模式完全“开心”。而这些项都不会让$x=1$，$y=0$“开心”，因此，对于这对输入，我们新创建的表达式输出0，符合要求！

不难看出，这个最小项扩展原理适用于所有真值表。下面是该过程的精确描述。

1．写下要考虑的布尔函数的真值表。

2．从真值表中删除函数值为 0 的所有行。

3．对于剩下的每一行，按以下步骤创建一个“最小项”。

  a．对于该行中每个具有 1 的变量，写出该变量的名称。如果该行中的输入变量为 0，则写入带有取反符号的变量，对它取 NOT。

  b．现在，将所有这些变量用 AND 连起来。

4．用 OR 合并所有行的最小项。

你可能已经注意到，这种用于将真值表转换为逻辑表达式的通用算法仅使用了 AND、OR 和 NOT 运算。它用 NOT 和 AND 构造每个最小项，然后用 OR 将这些最小项“粘合”在一起。这有效地证明了 AND、OR 和 NOT 足以表示任何布尔函数！

这意味着计算机有助于设计其他计算机！真是太神奇了！

最小项扩展原理是一种“菜谱”——它是一种“算法”。实际上，我们可以在计算机上实现它，自动为任何真值表构造逻辑表达式。在实践中，这个过程通常由计算机完成。但是请注意，这个算法不一定能为我们提供最简单的表达式。例如，对于 implication 函数，我们看到表达式 $\bar{x}+xy$ 是正确的。但是，最小项扩展原理产生了表达式 $\bar{x}\,\bar{y}+\bar{x}y+xy$。这两个表达式在逻辑上是等价的，但第一个表达式无疑比较短。令人遗憾的是，为布尔函数找到最短表达式的所谓“最小等价表达式”问题非常困难。实际上，最近已经证明，最小等价表达式问题与数学和计算机科学中一些最困难的（未解决的）问题一样困难。令人吃惊，但是真的！

4.3.3 使用电路的逻辑

接下来，我们希望能够在硬件中实现布尔函数。假设我们的基本构件是电磁开关，如图 4.2 所示。开关始终有电源（如左上方所示）。有一个弹簧将可移动的“臂”保持在向上位置，因此

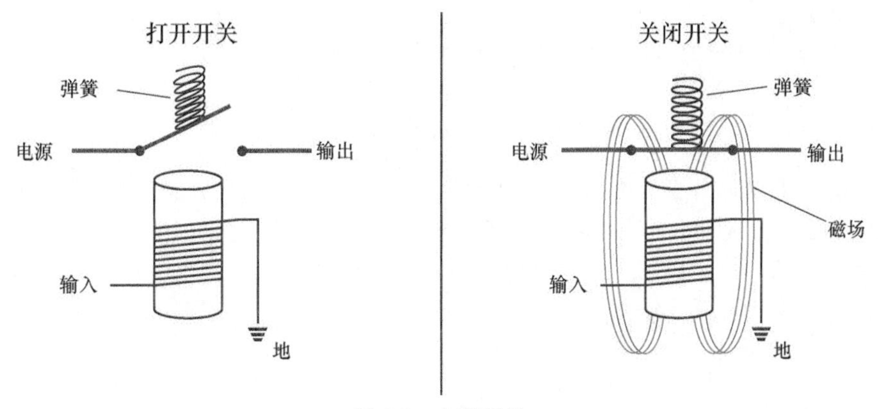

图 4.2 电磁开关

通常没有电流流到标有“输出”的电线。用户的输入由标有“输入”的电线表示。当输入电源关闭（或“较低”）时，电磁铁未激活，可移动臂保持向上，因此输出为0。当输入电源打开（或“较高”）时，电磁铁激活，导致可移动臂向下摆动，电流流到输出线。

我们商定，“低”电信号对应于数字0，“高”电信号对应于数字1。现在，我们用开关来构建一个计算 AND 函数的器件。我们可以做到这一点，图中有两个开关串联在一起，如图4.3所示。在此图中，我们使用了不带电源或接地的简化开关表示。输入是 x 和 y。因此，当 x 为1时，第一个开关的机械臂向下摆动并合上开关，从而允许电流从左向右流动。类似地，当 y 为1时，第二个开关的机械臂向下摆动并合上开关，从而允许电流从左向右流动。请注意，当输入 x，y 中的一个或两个为0时，至少有一个开关保持断开状态，所以没有电信号从电源流向输出。但是，当 x 和 y 均为1时，两个开关均闭合，有一个信号（即1）流向输出。这是用于计算 x AND y 的器件。我们称之为“AND 门”（与门）。

类似地，图4.4中的电路计算 x OR y，称为“OR 门”（或门）。可以通过构造一个开关来实现 NOT x，当且仅当 x 为0时，该开关才导通。

图4.3　用开关构造与门　　图4.4　用开关构造或门

尽管基于机电开关的计算机在20世纪30年代是最先进的技术，但如今的计算机却是采用晶体管开关制造的，它们使用相同的原理，但如今的计算机体积更小、运行更快、使用更可靠、效率更高。由于开关的细节对我们而言并不是很重要，因此我们用图4.5所示的符号来表示（或“抽象”）门。

那些门的形状很奇怪。我不确定自己是否喜欢它们。

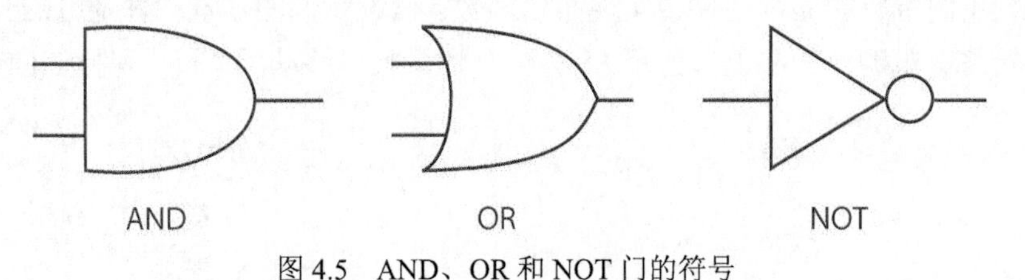

图4.5　AND、OR 和 NOT 门的符号

现在，我们可以为任意布尔函数构建电路了！从真值表开始，我们利用最小项扩展原理找到函数的表达式。例如，在本章的前面，我们用最小项扩展原理为 implication 函数构造了表达式 $\bar{x}\,\bar{y}+\bar{x}y+xy$。现在，我们可以用 AND、OR 和 NOT 门将它转换为电路，如图4.6所示。

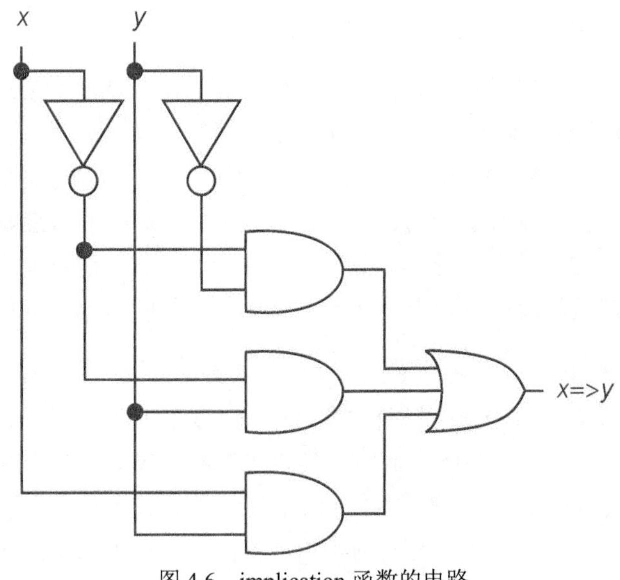

图 4.6 implication 函数的电路

4.3.4 逻辑计算

既然我们知道了如何实现布尔变量的函数，让我们转到再上一层抽象，尝试构建一些执行算术的单元。在二进制中，0～3 的数字分别表示为 00、01、10 和 11。我们可以用一个简单的真值表，来描述如何将两个 2 比特数字相加，获得 3 比特的结果：

x	y	$x+y$
00	00	000
00	01	001
00	10	010
⋮		⋮
01	10	011
01	11	100
⋮		⋮
11	11	110

这个真值表总共包含 16 行。但是，如何将最小项扩展原理应用于它呢？诀窍是将它看成 3 个表，每个输出 1 比特。我们可以单独针对最右边的输出比特写下一个表，然后创建一个电路来计算这个输出比特。接下来，我们可以针对中间的输出比特重复这个过程。最后，我们可以针对最左边的输出比特再做一次。尽管这可行，但它比我们想要的复杂得多！如果我们使用这种方法将两个 16 比特数字相加，则真值表中将有 2^{32} 行，从而产生数十亿个门。

哎呀！

幸运的是，做这件事有一种更好的方法。回忆一下，（在任何基数中）两个数相加时，先加最右列的数字。然后，我们加下一列中的数字，如此下去，从一列到下一列，直到完成。当然，在相加时，我们可能还需要从一列到下一列进位一个数字。

我们可以构建一个相对简单的电路，它仅执行一列加法，从而利用这个加法算法。这样的器件称为“全加器”(不得不承认，这是一个可笑的名字，因为它仅执行一列加法!)。然后，我们可以将 16 个全加器“链接”在一起，对两个 16 比特数字相加。如果要对两个 64 比特数字相加，那么可以将该器件的 64 个副本链接在一起。得到的电路称为“波纹进位加法器”，它比我们上面建议的第一种方法更简单、更小。这种模块化方法使我们能够先设计一个中等复杂度的器件(例如全加器)，然后利用该设计来设计一个更复杂的器件(例如 16 比特波纹进位加法器)。啊哈！又是抽象！

全加器需要 3 个输入：将一列中的两位数字相加（我们称为 x 和 y），以及从上一列传播来的进位值（我们称为 c_{in}）。这会有两个输出：总和（我们称为 z），以及要传播到下一列的进位值（我们称为 c_{out}）。我们建议你在这里暂停一下，为这个函数构建真值表。由于有 3 个输入，因此真值表中将有 $2^3=8$ 行。并且会有两列输出。将这两个输出列中的每一个都看成一个单独的函数。从输出的第一列总和 z 开始，利用最小项扩展原理为 z 编写逻辑表达式。然后，利用 AND、OR 和 NOT 门将这个表达式转换为电路。对输出的第二列 c_{out} 重复这个过程。现在你有了一个全加器！计算这个全加器的门数——这不是一个很大的数目。

最后，我们可以用一个方框抽象地表示这个全加器，方框的顶部是 3 个输入，底部是两个输出。现在，我们将它们链接在一起，来构建波纹进位加法器。图 4.7 给出了一个 2 比特的波纹进位加法器。一个 16 比特纹波进位加法器总共要使用多少个门？它需要数百个，而不是我们第一种方法所需的数十亿个！

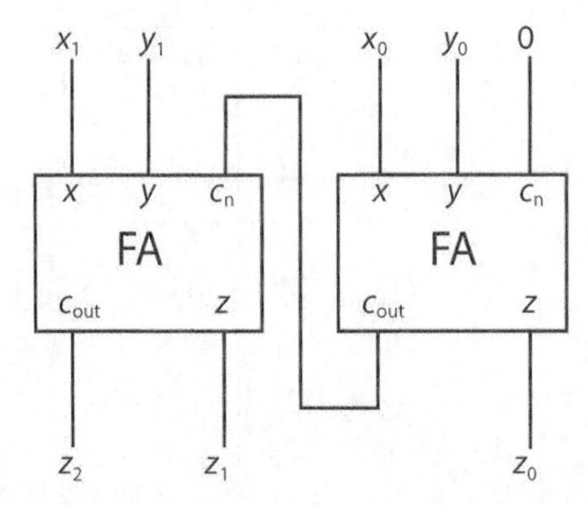

图 4.7 2 比特波纹进位加法器。每个标有“FA”的框都是一个全加器，它接受两个输入比特和一个进位，并产生一个输出比特以及进到下一个 FA 的进位

既然我们已经构建了一个波纹进位加法器，那么构建计算机的许多其他基本函数就不算什么了。例如，考虑构建一个乘法电路。我们可以观察到乘法涉及许多加法步骤。现在我们有了加法模块，这个抽象可以用于构建乘法器！

要点：利用最小项扩展原理和模块化设计，我们现在可以构建计算机的几乎所有主要部分。

4.3.5　内存

计算机有一个重要的方面，我们尚未看到如何设计：内存！计算机可以存储数据，然后获取这些数据以供以后使用。（data 是 datum 的复数。因此，我们说“those data”而不是“that data”。）在本节中，我们将了解如何构建一个存储单个比特（0 或）的电路。该器件称为“锁存器”，因为它允许我们“锁定”1 比特并在以后取回它。构建锁存器后，我们可以将它抽象到“黑盒子”中，并利用模块化设计的原理，将许多锁存器组装到存储大量数据的器件。

可以用两个互连的 NOR（或非）门创建锁存器。NOR 就是 OR 后面跟上 NOT，因此它的真值表与 OR 的真值表完全相反，如下所示：

x	*y*	*x* NOR *y*
0	0	1
0	1	0
1	0	0
1	1	0

NOR 门在符号上表示为 OR 门带上输出端的一个小圆圈（表示取反），如图 4.8 所示。锁存器可以由两个 NOR 门构成。输入 S 被称为“设置”，而输入 R 被称为“重置”。这些名称很合适，这一点很快就会变得显而易见。

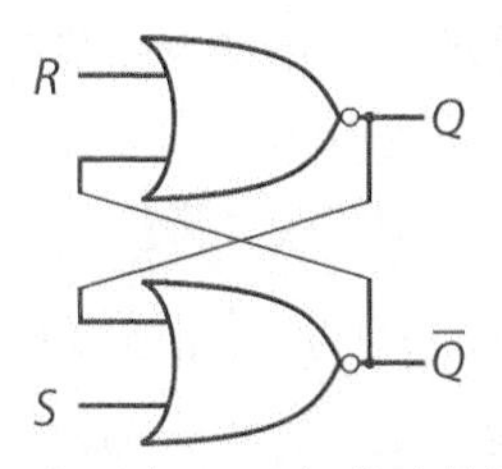

图 4.8　由两个 NOR 门构建的锁存器

这个电路到底是怎么回事？首先，假设 R、S 和 Q 均为 0。由于 Q 和 S 均为 0，所以下面 NOR 门的输出 $\bar{Q}$ 为 1。但由于 $\bar{Q}$ 为 1，因此强制上面 NOR 门产生 0。因此，锁存器处于稳定状态。$\bar{Q}$ 为 1 的事实使 Q 保持为 0。

现在，考虑将 R 保持为 0 的情况下，将 S（记住，它称为“设置”）更改为 1，会发生什么情况。这种变化将 $\bar{Q}$ 强制为 0，暂时，Q 和 $\bar{Q}$ 均为 0。但是 Q 等于 0 的事实意味着，上面 NOR 门的两个输入均为 0，因此其输出 Q 必定变为 1。之后，我们可以让 S 变为 0，锁存器将保持稳定。我们可以认为，将 S 暂时更改为 1 是“设置”锁存器来存储值 1。该值存储在 Q 上。（$\bar{Q}$ 的作用只是让这个电路完成工作，而 Q 的值才是我们感兴趣的。）

类似的论证可以证明，R（记住，它称为“重置”）将导致 Q 变为 0，因此 $\bar{Q}$ 将再次变为 1。这样，Q 的值被重置为 0！该电路通常称为“S-R 锁存器”。

如果 S 和 R 同时变为1，会发生什么？请通过思想实验尝试一下。我们在这里暂停一下，等你。

你是否注意到这个锁存器将如何工作？当 S 和 R 都设置为1时（这是试图同时设置和重置电路——很淘气），Q 和 $\bar{Q}$ 都将变为0。现在，如果让 S 和 R 变为0，则两个NOR门的输入都为0，它们的输出都为1。现在，每个NOR门都得到一个1作为输入，输出变为0。换句话说，NOR门在0和1之间快速“闪烁”，什么也没存储！实际上，如果两个NOR门以略微不同的速度计算其输出，则可能会发生其他奇怪的、不可预测的事情。电路设计人员找到了一些方法来避免这个问题，他们构建了一些“保护性”电路，可以确保 S 和 R 永远不会同时设置为1。

关于分享RAM双关语，我不太好意思，因为你可能已经听过了。

如我们所见，锁存器是1比特存储器。如果你想记住1，请暂时将 S 设为1。如果你想记住0，请暂时将 R 设为1。如果将8个锁存器聚集在一起，则可以记住一个8比特字节。如果你将数以百万比特（以8比特为一组）聚集在一起，就得到了构成计算机主存储器的“随机存取存储器”（RAM）。

4.4　构建完整的计算机

“平衡”俱乐部的预算吗？我们保证轮子不再有独轮车笑话！

设想你已经当选为学校的独轮车俱乐部的财务主管，现在需要记账并平衡预算。你有一个大笔记本，包含俱乐部的所有财务信息。工作时，你将一些数字从活页夹中复制到草稿纸上，用计算器进行一些计算，然后将这些结果记入草稿纸。有时，你可能会将其中一些结果复制到大笔记本中，以备将来使用，然后将笔记本中的更多数字记入草稿纸。

关于再也不说独轮车的笑话，我们说得太早了。

现代计算机的运行原理相同。你的计算器和草稿纸对应计算机的CPU。CPU是执行计算的地方，但是那里没有足够的内存来存储你会用到的所有数据。大笔记本对应计算机的内存。计算机的这两个部分是物理上分离的组件，通过计算机电路板上的导线连接。

CPU中有什么？有一些器件，如波纹进位加法器、乘法器等，用于完成算术运算。这些器件都可以利用我们在本章前面看到的概念来构建，即最小项扩展原理和模块化设计。CPU还具有少量内存，相当于草稿纸。这部分存储器由少量的寄存器构成，我们可以在其中存储数据。这些寄存器可以用锁存器或其他相关器件构建。计算机通常具有16个或32个寄存器，每个寄存器可以存储32比特或64比特。CPU的所有算法都是使用寄存器中的值完成的。也就是说，加法器、乘法器等从寄存器中获取输入，并将结果保存到寄存器，就像你将草稿纸用于计算的输入和输出一样。

看到了吗？我们没有用独轮车的双关语来烦你。

与大笔记本相对应的内存可以存储大量数据——可能数十亿比特。当CPU需要当前未存储在寄存器（草稿纸）中的数据时，它会从内存中请求该数据。类似地，当 CPU 需要存储寄存器的内容时（也许是因为它需要使用该寄存器存储一些其他值），它可以将内容存储在内存中。

寄存器和内存分离的意义何在？为什么不简单地将所有内存都存储在 CPU 中？答案是多方面的，但这是其中一方面：CPU 的体积必须小才能提高速度，而沿着 1mm 导线传输少量数据会大大降低计算机的速度。另一方面，内存需要很大，以便存储大量数据。在 CPU 中放置大内存会使 CPU 变慢。此外，还有其他一些考虑因素需要将 CPU 与内存分开。例如，建造 CPU 使用的过程（通常更昂贵）不同于建造内存使用的过程。

现在，让我们考虑稍微复杂一点的情况。设想平衡独轮车俱乐部预算的过程很复杂。完成财务工作所需的步骤需要不断做出决策（例如："如果我们今年在独轮车座位上的支出超过 500 美元，就有资格获得折扣。"）。为了帮助你进行财务决策，俱乐部笔记本的前几页中写有很长的说明。这套指令是一个程序！由于该程序太长且难以记住，因此你需要将指令逐条从笔记本复制到草稿纸。你遵循每条指令，例如，它可能会告诉你累加一些数字，并将结果存储在某个位置。然后，你从笔记本中提取下一条指令。

你如何记住接下来要提取的指令？你又如何记住指令本身？为此，计算机的 CPU 具有两个特殊的寄存器。名为"程序计数器"的寄存器会跟踪内存中的位置，并在其中找到下一条指令。然后从内存中提取该指令，并将它存储在名为"指令寄存器"的特殊寄存器中。

计算机检查指令寄存器的内容，执行该指令，然后递增程序计数器，以便提取下一条指令。

内存很慢。如果 CPU 可以在一个单位时间内读取或写入寄存器，则大约需要100个单位时间来读取或写入内存！

这种组织计算的方式是由著名的数学家和物理学家约翰·冯·诺依曼博士发明的，被称为冯·诺依曼架构。尽管计算机在各种方式上都存在差异，但它们都采用这种基本原理。在下一部分中，我们将更仔细地研究这种原理在实际计算机中的使用方式。

约翰·冯·诺依曼（1903—1957）

约翰·冯·诺依曼（John von Neumann，读作"NOY-mahn"）是计算的伟大先驱之一，他是匈牙利裔数学家，致力于集合论和核物理学等领域。他发明了蒙特卡洛方法（我们在第 1 章的 1.1.2 节中用于计算 π）、元胞自动机、用于排序的"归并排序"方法，当然还包括用于计算机的冯·诺依曼架构。

冯·诺依曼的一位同事是克劳德·香农 Claude Shannon 博士，他是最小项扩展原理的发明者。

尽管冯·诺依曼因在任何地方都穿三件套西装而闻名（包括在大峡谷甚至在网球场上），但他并不是一个无聊的人。他组织的聚会总是很受欢迎，尽管他有时会离开他的客人，溜去上班，而且他喜欢引用他记得的大量“俗气”打油诗。尽管他很聪明，但他也是一个远近闻名的糟糕司机，这也许可以解释为什么他每年都要买一辆新车。

冯·诺依曼因癌症去世，也许是由于原子弹测试的辐射所致。但是他的“遗产”仍然存在于今天建造的每台计算机中。

冯·诺依曼架构

前面我们提到过，计算机的内存既存储指令又存储数据。我们知道数据可以编码为数字，数字可以编码为二进制。但是指令呢？好消息！只需采用一些约定将指令映射到数字，指令也可以存储为数字。

我们像这样将指令映射到数字：假设我们的计算机基于8比特数字，并且我们的计算机只有4条指令——加、减、乘和除。(这是很少的指令，但是让我们现在从这里开始，然后再扩展。)每条指令都需要一个数字来表示它，称为“操作码”(或opcode)。由于有4条指令，因此我们需要4个操作码（数字），即每个数字2比特。例如，我们可以为指令选择以下操作码：

操作码	含义
00	加
01	减
10	乘
11	除

接下来，假设我们的计算机有4个寄存器，编号分别为0～3。假设我们要加两个数字。我们必须指定要对其值相加的两个寄存器，以及要存储结果的寄存器。如果我们希望将寄存器2的内容与寄存器0的内容相加，并将结果存储在寄存器3中，则可以约定写成“add 3，0，2”。最后两个数字是我们取得输入的寄存器，第一个数字是存储结果的寄存器。用二进制，“add 3，0，2”将表示为“00 11 00 10”。我们添加了空格以帮助你看清楚数字 00（表示“add”)、11（表示我们要存储结果的寄存器）、00（表示寄存器0是我们要加的第一个寄存器）和10（表示寄存器2是我们要加的第二个寄存器)。

计算机科学家通常从0开始编号。这是因为他们实际上是在测量从某事物开始的距离！

通常，我们可以建立约定，用8比特代码对指令进行编码：前2比特（我们称为I0和I1）代表指令，接下来2比特（D0和D1）编码存储结果的目标寄存器，再接下来2比特（S0和S1）编码要加的第一个寄存器，而最后2比特（T0和T1）编码要加的第二个寄存器。这种表示如下所示：

I0 I1	D0 D1	S0 S1	T0 T1

那么，计算机会提取指令，就像狗会取物一样吗？

回想一下，我们假设计算机基于 8 比特数字。即每个寄存器存储 8 比特，并且内存中的每个数字占 8 比特。图 4.9 展示了我们的计算机的样子。注意 CPU 顶部的程序计数器。回想一下，这个寄存器包含一个数字，该数字告诉我们在内存中的哪个地址提取下一条指令。目前，该程序计数器为 00000000，表示内存中的地址 0。计算机首先转到该内存地址，然后提取驻留在该地址的数据。

中央处理单元(CPU)	
程序计数器	00000000
指令寄存器	00000000
寄存器0	00000101
寄存器1	00000000
寄存器2	00001010
寄存器3	00000000

地址		内容
(二进制)	(十进制)	
00000000	0	00100010
00000001	1	00011010
00000010	2	10001100
00000011	3	
⋮	⋮	⋮
11111111	255	

中央处理单元(CPU)　　内存

图 4.9　一台计算机将指令存储在内存中。程序计数器告诉计算机哪里可以提取下一条指令

现在来看图 4.9 右侧所示的内存。内存地址以二进制（基数为 2）和十进制（基数为 10）给出。内存位置 0 包含数据 00100010。这 8 比特序列现在被带入 CPU 并存储在指令寄存器中。CPU 的逻辑门解码该指令。前导 00 表示这是加法指令。接下来的 10 表示相加的结果将存储在寄存器 2 中。接下来的 00 和 10 表示我们将从寄存器 0 和 2 中分别获取要相加的数据。然后，这些值将被发送到 CPU 的波纹进位加法器，并在其中进行相加。由于寄存器 0 和 2 在操作之前分别包含 00000101 和 00001010，因此寄存器 2 在操作之后将包含值 00001111。

不要将程序计数器 PC 与个人计算机 PC 混淆。

通常，我们的计算机通过重复执行以下步骤进行操作。

1. 将程序计数器（通常称为 PC）中的地址发送到内存，要求它读取该位置。

2. 将值从内存加载到指令寄存器。

3. “解码”该指令寄存器，以确定要执行的指令和要使用哪些寄存器。

4. “执行”请求的指令。此步骤通常涉及从寄存器读取操作数、执行算术运算并将结果发送到目标寄存器。这通常涉及几个子步骤。

5. 递增 PC，使它包含内存中下一条指令的地址。（PC 的名字正是源于这一步，因为它一路对程序中的地址进行“计数”。）

“等等！”我们听到你大叫，“内存同时存储指令和数据！怎么分辨谁是谁？”这是一个很好的问题，很高兴你问到。事实上，计算机无法分辨出谁是谁。如果我们不小心，计算机可能会从内存中提取一些内容到指令寄存器，并尝试执行它（实际上，8 比特数字代表的是独轮车俱乐部购买的披萨数量，而不是指令！）解决此问题的一种方法是增加一条名为“halt”（停止）

的特殊指令，该指令告诉计算机停止提取指令。在接下来的小节中，我们将扩展我们的计算机以包含更多指令（包括停止）和更多寄存器，并且会用该计算机的语言编写一些真正的程序。

要点：计算机利用一个简单的过程，反复从内存中提取其下一条指令，对该指令进行解码，执行该指令并递增程序计数器。所有这些步骤都是通过数字电路实现的，数字电路可以利用本章前面介绍的过程来构建。

4.5 Hmmm

我们在 4.4 节中讨论的计算机很容易理解，但是它的简单意味着它不是很有用。真正的计算机（至少）还需要包含以下特性。

1．在寄存器和大内存之间移动信息。

2．从外界获取数据。

3．输出结果。

4．做决定。

Hmmm 对我来说就是音乐！

为了说明如何包含这些特性，我们设计了 Harvey Mudd 微型机器（Harvey Mudd Miniature Machine，Hmmm）。就像我们早期的 4 指令计算机一样，Hmmm 有一个程序计数器、一个指令寄存器、一组数据寄存器和一个内存。这些器件组织如下。

1．我们的简单计算机使用 8 比特指令，但在 Hmmm 中，指令和数据均为 16 比特。代表一条指令的一组比特称为一个“字”。这样我们就可以表示一个合理的数字范围，并让指令更加复杂。

不同的计算机具有不同的字长。现在售出的大多数计算机使用 64 比特。较旧的使用 32 比特。16 比特、8 比特甚至 4 比特计算机仍用于特殊应用。一个简单的数字手表可能包含一个 4 比特计算机。

2．除程序计数器和指令寄存器外，Hmmm 还有 16 个寄存器，分别命名为 R0～R15。R0 很特殊：它始终包含 0，并且你尝试存储在其中的所有内容都会被丢弃。

通过写下与指令相对应的比特来对 Hmmm 进行编程，这很不方便。作为替代，我们将使用“汇编语言”，它是一种编程语言，其中的每条机器指令都会有一个更人性化的符号表示。例如，要计算 r3 = r1 + r2，我们会样写：

甚至用汇编语言编写一个简短的程序也可能是令人惊叹的体验！

```
add r3, r1, r2
```

利用非常简单的二进制编码过程，我们将这种汇编语言转换为计算机可以执行的 0 和 1（机器语言）。Hmmm 指令的完整列表，包括它们的二进制编码，在本章末尾的图 4.10 中给出。

Hmmm 的指令集很大，但不是特别大。

4.5.1 一个简单的 Hmmm 程序

为了开始使用 Hmmm，我们来看一个程序，该程序将计算三角形的近似面积。这项任务虽然很“平凡”，但很快就会帮助我们转向更有趣的 Hmmm 任务。我们建议你从网上下载 Hmmm，跟我们一起尝试这些例子。

首先，利用我们最喜欢的文本编辑器创建一个名为 `triangle1.hmmm` 的文件，其内容如下：

```
#
# Calculate the approximate area of a triangle.
#
# First input: base
# Second input: height

# Output: area
#

0    read     r1         # Get base
1    read     r2         # Get height
2    mul      r1 r1 r2   # b times h into r1
3    setn     r2 2
4    div      r1 r1 r2   # Divide by 2
5    write    r1
6    halt
```

这一切意味着什么，如何工作？首先，任何以“#”符号开头的内容都是注释，Hmmm 会忽略它。其次，你会注意到每一行都有编号，从 0 开始。该数字指明指令存储在内存的位置。

你可能还注意到，该程序不使用任何逗号，这与上面例子的加法指令不同。Hmmm 对符号非常宽容。以下所有指令的含义完全相同：

```
add r1,r2,r3

ADD R1 R2 R3

ADD R1,r2, R3

aDd R1,,R2,        ,R3
```

不用说，我们不建议使用最后两种！

那么，`triangle1.hmmm` 文件中的所有行实际做了什么？前两行（0 和 1）读入三角形的底和高。当 Hmmm 执行 `read` 指令时，它将暂停并提示用户输入数字，然后将用户的数字转换为二进制，并将它存储到命名的寄存器。因此，第一个键入的数字将存入寄存器 `r1`，第二个存入 `r2`。

然后，`mul`（乘法）指令通过计算 `r1 = r1 × r2` 来求 $b \times h$。该指令说明了 Hmmm 编程的 3 个重要原则。

1. 大多数算术指令都接受 3 个寄存器：两个“源”和一个“目标”。

2. 目标寄存器始终列在最前面，因此该指令读起来可以像 Python 的赋值语句一样。

3. 源和目标可以相同。

相乘后，我们需要将 $b\times h$ 除以 2。但是，在哪里可以得到常数 2？一种选择是要求用户通过 `read` 指令提供它，但这似乎很“笨”。作为替代，我们用一条特殊的指令 `setn`（设置为数字），它可以将一个小的常量存入寄存器。与 `mul` 一样，首先给出目标。这等价于 Python 语句 `r2 = 2`。

`div`（除法）指令完成计算，`write` 指令在屏幕上显示结果。不过，还有一件事要做。`write` 完成后，计算机将很乐意尝试执行下一个内存位置的指令。由于那里没有有效的指令，因此计算机将在那里提取一组可能无效的比特作为指令，从而导致计算机崩溃。因此，我们需要告知它在完成工作后执行 `halt`（停止）指令。

如果搞错了，那就搞笑了。

成了！但是我们的程序会工作吗？

4.5.2 试用

我们可以通过从命令行运行 Hmmm，来“汇编”并运行该程序。（在 Windows 上，可以从“Start（开始）”菜单导航到命令行。在 Macintosh 上，打开位于“Applications/Utilities（应用程序/实用工具）”中的 Terminal（终端）应用程序。在 Linux 上，大多数 GUI 在主菜单中都提供类似的终端应用程序。以下示例是在 Linux 上运行的。）%字符是计算机输出的“提示符”，指示用户应键入某些内容，之后的字符是键入的内容。你计算机上的提示可能看起来有所不同。

```
%   ./hmmm   triangle1.hmmm

----------------------
| ASSEMBLY SUCCESSFUL |
----------------------
0 : 0000 0001 0000 0001     0     read   r1          # Get base
1 : 0000 0010 0000 0001     1     read   r2          # Get height
2 : 1000 0001 0001 0010     2     mul    r1 r1 r2    # b times h into r1
3 : 0001 0010 0000 0010     3     setn   r2 2
4 : 1001 0001 0001 0010     4     div    r1  r1 r2   # Divide by 2
5 : 0000 0001 0000 0010     5     write  r1
6 : 0000 0000 0000 0000     6     halt
```

如果程序中有错误，Hmmm 会告诉你；否则，它将立即在 Hmmm 模拟器中运行该程序（此处的提示符是冒号之前的所有内容，数字是由用户键入的）：

```
Enter number (q to quit): 4
Enter number (q to quit): 5
10
```

如果你想尝试其他输入，只需再次运行 Hmmm：

```
% ./hmmm   triangle1.hmmm
…
Enter number (q to quit): 5
Enter number (q to quit): 5
12
```

我们可以看到，该程序为第一个测试用例提供了正确的答案，但对于第二个测试用例却没有。这是因为 Hmmm 仅适用于整数，除法将小数值向下舍入到较小的整数，就像 Python 中的整数除法一样。

4.5.3 循环

如果你要计算许多三角形的面积，必须一遍又一遍地运行该程序，这很麻烦。Hmmm 的“无条件跳转”指令 `jumpn` 提供了一种解决方案，它表示“不是执行下一个顺序指令，而是从地址 *n* 开始读取指令。”如果我们简单地将 `halt` 改为 `jumpn`，那么该程序将永远计算三角形的面积。

```
#
# Calculate the approximate areas of many triangles.
#
# First input: base
# Second input: height
# Output: area
#

0    read     r1          # Get base
1    read     r2          # Get height
2    mul      r1 r1 r2    # b times h into r1
3    setn     r2 2
4    div      r1 r1 r2    # Divide by 2
5    write    r1
6    jumpn    0
```

`jumpn 0` 指令做了什么？简短的解释是，它告诉计算机跳转到地址 0，然后继续在该地址执行程序。更好的解释是，该指令只是将数字 0 放入程序计数器。请记住，计算机会“无脑”地检查其程序计数器，以确定从内存中提取下一条指令的地址。通过在程序计数器中放置一个 0，我们确保下一次计算机去提取一条指令时，会从内存地址 0 提取它。

由于我们会在某一时刻想要停止，所以 Hmmm 模拟器可以方便地让我们键入 **q** 而不是数字，然后它就会停止。另外，我们可以通过按 **Ctrl**（控制）键并键入 **C**（通常写为“`Ctrl-C`”或“`^C`”），来“强制”程序在任意时刻结束（即使它不要求输入）：

```
% ./hmmm triangle2.hmmm
…
Enter number (q to quit): 4
Enter number (q to quit): 5
10
Enter number (q to quit): 5
```

```
Enter number (q to quit): 5
12
Enter number: ^C

Interrupted by user, halting program execution...
```

这样可行，但最后却产生了“难看”的信息。另外，大多数实际计算机都不允许你输入 q 来代替数字。更好的方法是，如果用户输入的底或高为 0，则自动停止。我们可以使用“条件跳转”指令来做到这一点，该指令的工作原理类似于某些条件为真时执行 jumpn，否则不执行任何操作。

我相信我明白，当有人说 jeqzn 时，我应该说 “gesundheit”（祝你健康）。

条件跳转指令有几个变种。我们在这里使用的是 jeqzn，读作“jump to n if equal to 0”（如果等于 0，则跳转到 n），或者就是“jump if equal to 0”（如果等于 0，则跳转）。这种有条件的跳转需要一个寄存器和一个数字作为其参数。

如果该寄存器中包含 0，那么我们将第二个参数中的数字放入程序计数器——这样计算机将继续用该数字作为下一条指令进行计算。如果该寄存器中包含的不是 0，那么计算机就按顺序继续执行下一条指令。

```
#
# Calculate the approximate areas of many triangles.
# Stop when a base or height of zero is given.
#
# First input: base
# Second input: height
# Output: area
#

0   read    r1       # Get base
1   jeqzn   r1 9     # Jump to halt if base is zero
2   read    r2       # Get height
3   jeqzn   r2 9     # Jump to halt if height is zero
4   mul     r1 r1 r2 # b times h into r1
5   setn    r2 2
6   div     r1 r1 r2 # Divide by 2
7   write   r1
8   jumpn   0
9   halt
```

现在，使用 jeqzn，我们的程序表现得很有“礼貌”：

```
% ./hmmm triangle3.hmmm
...
Enter number: 4
Enter number: 5
10
Enter number: 5
Enter number: 5
```

```
12
Enter number: 0
```

条件跳转的好处在于，你不仅可以用它们来终止循环，还可以用它们来制定决策。例如，你现在应该可以编写一个输出数字绝对值的 Hmmm 程序。Hmmm 的其他条件跳转指令包含在本章末尾的图 4.10 中，即所有 Hmmm 指令的列表。

4.5.4 函数

下面是一个计算阶乘的程序。如果给这个程序一个负数，它将令人不快地崩溃。你如何解决该问题？

```
#
#   Calculate N factorial.
#
#   Input: N
#   Output: N!
#
#   Register usage:
#
#     r1 N
#     r2 Running product
#

0   read     r1         # Get N
1   setn     r2,1
2   jeqzn    r1,6       # Quit if N has reached zero
3   mul      r2,r1,r2   # Update product
4   addn     r1,-1      # Decrement N
5   jumpn    2          # Back for more

6   write    r2
7   halt
```

第 4 行的 addn 指令就是将一个常量添加到寄存器，用结果替换其内容。我们可以用 setn 和普通 add 来达到相同的效果，但是计算机程序如此频繁地加上常量，以至于 Hmmm 提供了特殊的指令，让这项工作更容易。

但是假设你需要编写一个程序来计算：

$$\binom{n}{k} = \frac{n!}{k!(n-k)!}$$

可能你以前从未看过这个公式，它是计算从 n 种不同物品中选择 k 种的不同方法的数量，读作“n 选 k”。

由于我们需要计算 3 个不同的阶乘，因此希望避免将上述循环不同地复制 3 次。作为替代，我们希望有一个计算阶乘的函数，就像 Python 一样。

创建函数有点棘手。它不能从用户那里读取输入，它必须将计算出的值返回给调用该函数的代码。

我不会选择编写该程序。

采用一些简单的约定，让所有工作顺利进行，这很方便。一种约定是决定将一些特殊寄存器用于参数传递，即让信息进出函数。例如，我们可以决定：当 factorial 函数启动时，r1 将包含 n，而 r2 将包含结果。（我们稍后将看到，这种方法在一般情况下是有问题的，但目前已经足够了。）

有了内置的 factorial 函数，我们的新程序是：

```
#
# Calculate C(n,k) = n!/k!(n-k)!.
#
# First input: N
# Second input: K
# Output: C(N,K)
#
# Register usage:
#
#   r1 Input to factorial function
#   r2 r1 factorial
#   r3 N
#   r4 K
#   r5 C(N,K)
#
# Factorial function starts at address 15
#

0   read     r3        # Get N
1   read     r4        # Get K

2   copy     r1,r3     # Calculate N!
3   calln    r14,15    # ...
4   copy     r5,r2     # Save N! as C(N,K)

5   copy     r1,r4     # Calculate K!
6   calln    r14,15    # ...
7   div      r5,r5,r2 # N!/K!

8   sub      r1,r3,r4 # Calculate (N-K)!
9   calln    r14,15    # ...
10  div      r5,r5,r2 # C(N,K)

11  write    r5        # Write answer
12  halt

13  nop                # Waste some space
```

```
14  nop

# Factorial function. N is in R1. Result is R2.
# Return address is in R14.
15  setn     r2,1     # Initial product
16  jeqzn    r1,20    # Quit if N has reached zero
17  mul      r2,r1,r2 # Update product
18  addn     r1,-1    # Decrement N
19  jumpn    16       # Back for more
20  jumpr    r14      # Done; return to caller
```

如你所见，该程序引入了许多新指令。最简单的是 `nop`，即第 13 行和第 14 行的“no 操作”指令。执行时，它绝对不执行任何操作。我们为什么需要这样的指令？如果你已经编写了一些小型的 Hmmm 程序，可能已经发现了对行重新编号的不便之处。通过添加一些 `nop` 作为“填充”，我们可以轻松地在 0～15 的序列中插入新指令，而不必更改 `factorial` 函数开始的位置。

编程的亮点之一是汇编语言！

更有趣的是出现在第 3、第 6 和第 9 行的 `calln` 指令。`calln` 与 `jumpn` 的工作方式类似：它导致 Hmmm 开始执行给定地址（在本例中为 15）处的指令。但是，如果我们刚才使用的是 `jumpn`，`factorial` 函数计算出结果后，就不知道是跳至第 4 行、第 7 行还是第 10 行！为了解决该问题，`calln` 使用寄存器 `r14` 来保存“紧随”该调用之后的指令地址。（为此，我们可以选择除 `r0` 以外的任何寄存器，但按照约定，Hmmm 程序使用 `r14`。）

不过，我们还没有完成：`factorial` 函数本身面临着同样的困境。`r14` 包含 4、7 或 10，但是编写等价于“如果 `r14` 为 4，则跳至地址 4；如果 `r14` 为 7，则跳至地址 7；……”这样的代码很“傻”。作为替代，`jumpr`（跳转到寄存器中的地址）指令巧妙地解决了问题，尽管有些令人困惑。`jumpr` 并没有跳转到指令中给出的固定地址（如第 19 行所做的那样），而是跳转到从寄存器获取的“可变”地址。换句话说，如果 `r14` 为 4，则 `jumpr` 会跳到地址 4；如果它为 7，则会跳到地址 7，依此类推。

4.5.5 使用栈来递归

在第 2 章中，我们欣赏了递归的强大和优雅。但是，如何用 Hmmm 汇编语言进行递归？一定有办法。毕竟，Python 在计算机上将递归实现为一系列机器指令。要了解其秘密，我们需要谈谈“栈”。

你可能还记得，在第 2 章中我们讨论了栈（还记得那些栈的栈帧吗？）。现在，我们将确切地了解它们的工作方式。

栈是我们在物理世界中都熟悉的东西：它就是一堆东西，你只能取最高的东西。堆一个高高的书的栈，你只能看到顶部书的封面，你不能从中间移除书（至少不能冒倒塌的风险来移除！），也不能在顶部以外的任何地方添

那本书的净重可能会压垮你的栈！

加书。

栈之所以有用，是因为它可以记住事物，并以相反的顺序将它们还给你。假设你正在阅读《飘》，你可以将《飘》放到栈上，拿起一本历史书，然后开始研究。在阅读历史书时，你会遇到一个陌生的词。你将历史书放在栈上并拿起字典。完成字典操作后，将它放回栈，栈顶部有历史书，就在你刚刚停下来的位置。完成研究后，你将该书放在一边。瞧！《飘》正等着你。

同样，这只是一个约定。

这种将事情放到一边再返回它们的技术，正是递归所需要的。要计算 5!，我们需要求出 4!，为此需要求出 3!，依此类推。栈可以记住我们在计算 4 时的位置！并帮助我们稍后返回。

为了在计算机上实现栈，我们需要一个栈指针，即一个寄存器，用于保存栈顶部数据项的内存地址。传统上，栈指针保存在编号最高的寄存器中，因此在 Hmmm 上，我们使用 r15。

假设 r15 当前包含 103（我们说 r15“指向”地址 103），并且栈包含 42（在顶部）、56 和 12。那么我们将像这样描绘栈：

	地址	内容
r15 →	103	未定义
	102	42
	101	56
	100	12

要将一个值（例如 23）“压入”栈，将 23 存储在 r15 中指定（指向）的地址，然后让 r15 递增，指向内存中的新地址，以便我们准备存储另一个值（104）：

	地址	内容
r15 →	**104**	**未定义**
	103	23
	102	42
	101	56
	100	12

稍后，要“弹出”顶部的值，我们必须先递减 r15，使它指向最高项的地址 103（我们说我们跟随 r15 中的指针），然后取回该地址的值。现在一切都回到了我们开始的地方。

将某些内容（例如 r4 的内容）压入栈的代码如下所示：

```
storer r4,r15   # Store r4 on the stack
addn   r15,1    # Point to a new location
```

storer 指令将 r4 的内容存储到 r15 指定地址的存储单元。换句话说，如果 r15 包含 103，则 r4 中的值将被复制到存储单元 103。

正如 storer 可以将数据放入栈一样，loadr 将取回它们：

```
addn r15,-1     # Point to top item on the stack
loadr r3,r15    # Load r3 from the stack
```

重要说明：在上面的第一个示例中，栈指针在 storer 之后递增；在第二个示例中，栈指针在 loadr 之前递减。为了使栈正常工作，这个顺序是必须的。你应该先确定自己已经懂了，然后再继续。

由于“存储与递增”序列和“递减与加载”序列非常普遍，因此 Hmmm 提供了名为 pushr 和 popr 的特殊指令，以简化工作。因此，除了上面的写法之外，我们可以这样写：

```
pushr r4,r15    # Push r4 onto the stack
```

以及

```
popr r3,r15     # Recover (pop) r3 from the stack
```

4.5.6 保存“珍贵财产”

当我们在 4.5.4 节中编写 $\binom{n}{k}$ 的程序时，利用了对第 15 行的 factorial 函数如何工作的知识。具体来说，我们知道它仅修改了寄存器 r1、r2 和 r14，因此可以将 r3 和 r4 用于我们自己的目的。但是，在更复杂的程序中，可能无法如此巧妙地对寄存器进行区分使用。在递归函数中尤其如此，因为递归函数本质上倾向于复用其调用者使用的相同寄存器。

确保调用的函数不会破坏数据的唯一方法，是将它保存在某个位置，而栈是用于此目的的理想场所。编写 Hmmm 程序时，约定是必须在调用函数之前保存所有的“珍贵财产”，然后再进行恢复。由于栈的工作方式，你必须以相反的顺序还原事物。

但是什么是珍贵财产？快速的答案是，它是你计划使用的任何寄存器，r0 和 r15 除外。特别是，如果要从另一个函数内部调用一个函数，则 r14 是一项珍贵财产。

对于栈保存和恢复，许多 Hmmm 新手试图走捷径。例如，他们的理由是：“我知道我要连续调用两个函数，因此恢复我的珍贵财产并立即再次保存它们是很愚蠢的。”尽管在某些情况下利用该技巧行得通，但很难做到正确，并且你更有可能因为试图节省时间而给自己制造麻烦。强烈建议你严格遵循建议的“栈规则”，以避免出现问题。

走捷径给自己带来麻烦是一个常见的错误，但是人皆会犯错。

让我们看一个使用栈的 Hmmm 程序。我们将使用递归算法来计算阶乘：

```
# Calculate N factorial, recursively
#
# Input: N
# Output: N!
#
# Register usage:
#
```

```
# r1     N
# r13    N! (returned by called function)

0 setn   r15,100    # Initialize stack pointer
1 read   r1         # Get N
2 calln  r14,5      # Recursive function finds N!
3 write  r13        # Write result
4 halt

# Function to compute N factorial recursively
#
# Inputs:
#
# r1     N
#
# Outputs:
#
# r13    N!
#
# Register usage:
#
# r1     N (for multiplication)! (from recursive call)
# r13    N! (from recursive call)

5 jeqzn  r1,14      # Test for base case (0!)

6 pushr  r1,r15     # Save precious possessions
7 pushr  r14,r15    # ...

8 addn   r1,-1      # Calculate N-1
9 calln  r14,5      # Call ourselves recursively to get (N-1)!

10 popr  r14,r15    # Recover precious possessions
11 popr  r1,r15     # ...

12 mul   r13,r1,r13 # (N-1)! times N
13 jumpr  r14       # Return to caller

# Base case: 0! is always 1
14 setn   r13,1
15 jumpr  r14       # Return to caller
```

主程序非常简单（第 0～4 行）：我们从用户那里读取一个数字，调用递归的 factorial 函数，写出答案，然后停止。

阶乘函数只是稍微复杂一点。在测试了 0! 的基本情况之后，我们保存了“珍贵财产”以准备递归调用（第 6～7 行）。但对我们来说，什么是珍贵财产呢？该函数使用寄存器 r1、r13、r14 和 r15。我们不需要保存 r15，因为它是栈指针，并且 r13 尚没有任何有价值的东西。因此，我们只需要保存 r1 和 r14。我们遵循栈规则，将 r1 放在栈上（第 6 行），然后将 r14 放在栈上（第 7 行）。

保存了我们珍贵财产后，我们递归调用该程序来计算(*N*–1)!（第 8～9 行），然后按照栈规则以相反的顺序恢复寄存器 `r14`（第 10 行）和 `r1`（第 11 行）。然后我们将 (*N*–1)! 乘以 *N*（第 12 行）获得最终结果，我们就完成了。

值得花费一些时间研究这个例子，以确保你了解其运行方式。在一张纸上画出这个栈，弄明白当程序计算 3!时，如何将值压入栈和弹出栈。

4.5.7 完整的 Hmmm 指令集

至此，我们对 Hmmm 的讨论结束了。我们介绍了除 `sub`、`mod`、`jnezn`、`jgtzn` 和 `jltzn` 以外的所有指令。其中 `mod` 计算余数（模数）。我们相信指令集中的其他指令是不言自明的。

请注意，sub 可以与 jltzn 结合使用，用于求值 $a < b$ 这样的表达式。

方便起见，下面的图 4.10 汇总了完整的指令集，并给出了每条指令的二进制编码。

指令	编码	描述
	系统指令	
halt	0000 0000 0000 0000	停止!
read rX	0000 xxxx 0000 0001	将用户的输入放入寄存器 rX
write rX	0000 xxxx 0000 0010	输出寄存器rX的内容
nop	0110 0000 0000 0000	什么也不做
	设置寄存器数据	
setn rX N	0001 xxxx nnnn nnnn	设置寄存器rX等于整数 N (-128~127)
addn rX N	0101 xxxx nnnn nnnn	将整数 N (-128~127) 加入寄存器rX
copy rX rY	0110 xxxx yyyy 0000	设置rX = rY
	算术运算	
add rX rY rZ	0110 xxxx yyyy zzzz	设置rX = rY + rZ
sub rX rY rZ	0111 xxxx yyyy zzzz	设置rX = rY – rZ
neg rX rY	0111 xxxx 0000 yyyy	设置rX = -rY
mul rX rY rZ	1000 xxxx yyyy zzzz	设置rX = rY * rZ
div rX rY rZ	1001 xxxx yyyy zzzz	设置rX = rY / rZ(整数除法，没有余数)
mod rX rY rZ	1010 xxxx yyyy zzzz	设置rX = rY % rZ(返回整数除法的余数)

图 4.10 Hmmm 指令集

跳转

jumpn N	1011 0000 nnnn nnnn	设置程序计数器为内存地址N
jumpr rX	0000 xxxx 0000 0011	设置程序计数器为rX中的地址
jeqzn rX N	1100 xxxx nnnn nnnn	如果rX == 0，那么跳转到第N行
jnezn rX N	1101 xxxx nnnn nnnn	如果rX != 0，那么跳转到第N行
jgtzn rX N	1110 xxxx nnnn nnnn	如果rX > 0，那么跳转到第N行
jltzn rX N	1111 xxxx nnnn nnnn	如果rX < 0，那么跳转到第N行
calln rX N	1011 xxxx nnnn nnnn	复制下一个地址到rX，然后跳转到内存地址N

与内存 (RAM)交互

loadn rX N	0010 xxxx nnnn nnnn	将内存地址N的内容装入寄存器rX
storen rX N	0011 xxxx nnnn nnnn	将寄存器rX的内容存入内存地址N
loadr rX rY	0100 xxxx yyyy 0000	将寄存器rY保存的地址处的数据加载到寄存器rX
storer rX rY	0100 xxxx yyyy 0001	将寄存器rX的内容存入寄存器rY
pushr rX rY	0100 xxxx yyyy 0011	将寄存器rX的内容存入寄存器rY所指的栈
popr rX rY	0100 xxxx yyyy 0010	从寄存器rY所指的栈装入内容到寄存器rX

图 4.10 Hmmm 指令集（续）

最后要指出，比较某些指令对的编码可能会很有帮助。具体来说，add、mov 和 nop 有什么区别？calln 与 jumpn 有何关系？我们留下这些谜题让你思考，并转向命令式编程。

4.5.8 最后几句话

当我们运行以 Python 等语言编写的程序时，实际上会发生什么？在某些系统中，首先使用另一个名为“编译器”的程序，将整个程序自动翻译（或编译）成机器语言（汇编语言的二进制等效语言）。生成的编译程序看起来就像我们编写的 Hmmm 程序，将在计算机上执行。另一种方法是使用名为“解释器”的程序，该程序一次将指令翻译成一行，然后由计算机的硬件执行。

重要的是要牢记，翻译程序的确切时间和方式（在编译器的情况下是一次翻译，在解释器的情况下是每次翻译一行）是与语言本身无关的。实际上，某些语言同时有编译器和解释器，因此我们可以选用其中一种。

为什么有人还要在乎他们的程序是编译还是解释？在编译方法中，整个程序在执行之前转换为机器语言。程序运行速度非常快，但是如果程序运行时出现错误，那么除了看到程序崩溃之外，我们可能不会从计算机获得太多信息。在解释方法中，解释器充当程序与计算机之间的“中间人”。解释器可以先检查我们的指令，然后再将它翻译成机器语言。在计算机实际执行指令之前，解释器可以检测并报告许多错误。“中间人”解释器减慢了程序的执行速度，但提供了检测潜在问题的机会。无论哪种方法，最终我们编写的每个程序都将以机器语言的代码形式执行。这种机器语言代码由数字电路解码，并在其他电路上执行。

4.6 结论

啊，天哪！好多内容！我们沿着抽象层向上爬（从晶体管到逻辑门再到波纹进位加法器），直至看到了计算机工作原理的一般概念。最后，我们用计算机的母语对它进行了编程。

我认为摩卡奇诺和甜甜圈现在很有意义。

既然已经了解了计算机工作原理的基础，我们将回到编程和解决问题。在接下来的两章中，我们会看到一些编程概念，它们直接与我们在本章中研究的问题联系在一起。我们希望，你对计算机内部工作原理的理解，会更有助于你理解将要学习的概念的意义。

关键术语

abstraction：抽象

AND, OR and NOT gates：AND、OR 和 NOT 门

ASCII

assembly language：汇编语言

base：基数

binary：二进制

bit：位

byte：字节

circuit：电路

coefficients：系数

command line：命令行

compiler：编译器

conditional jump instruction：条件跳转指令

CPU

full adder：全加器

halt：停止

instruction register：指令寄存器

interpreter：解释器

latch：锁存器

length field：长度字段

logic gates：逻辑门

machine language：机器语言

merge sort：归并排序

minterm：最小项

minterm expansion principle：最小项扩展原理

modular design：模块化设计

no-operation instruction：无操作指令

opcode：操作码

operation code：操作码

padding：填充

parameter passing：参数传递

pixel：像素

pop：弹出

program counter (PC)：程序计数器

push：压入

RAM (Random Access Memory)：随机存取存储器

registers：寄存器

ripple-carry adder：波纹进位加法器

sign-magnitude representation：符号-大小表示

stack：栈

stack discipline：栈规则

stack pointer：栈指针

truth table：真值表

two's complement：二进制补码

unconditional jump instruction：无条件跳转指令

Unicode

UTF-8

variable jump target：可变跳转目标

von Neumann architecture：冯·诺依曼架构

word：字

练习

判断题

1．如果使用足够的比特，那么任何整数都可以用二进制表示。

2．32 比特足以表示任何银行账户中的余额（美元）。

3．声音、图片和电影都可以用数字序列表示。

4．有些布尔函数无法用真值表描述。

5．最小项扩展原理总是生成布尔函数的最紧凑的表示形式。

6．可以利用最小项扩展原理设计 S-R 锁存器。

7．对于所有程序，最重要的是它的运行速度。

8．汇编语言是对计算机编程的最佳方法，因为它可以让程序员看到计算机如何执行每个步骤。

选择题和简答题

1．将 19 和 13 转换为二进制。然后，完全用二进制将它们相加。将结果转换为十进制并确认答案正确。

2．将 9 和 11 转换为二进制。然后，完全用二进制将它们相乘。将结果转换为十进制并确认答案正确。

3．小数（ ）。

a．无法在计算机上表示。

b．可以表示，但只能到有限的小数位数。

c．完全可以表示，无论它们多么复杂。

4．为字母编码的 ASCII（ ）。

a．是全球标准。

b．是特定于英语的。

c．与 Unicode 相比节省了空间。

d．以上都对。

5．逻辑门的构造（ ）。

a．只能使用晶体管。

b．只能使用自电子组件。

c．有很多方式，包括用水和在 Minecraft 游戏中。（提示：在互联网上搜索答案。）

6．AND、OR 和 NOT 门（ ）。

a．足以设计任何逻辑电路。

b．仅在与最小项扩展原理一起使用时才能工作。

c．在实际计算机中不使用。

7．采用冯·诺依曼架构的计算机（ ）。

a．只要有足够的内存和时间，就可以执行任何其他计算机可以执行的操作。

b．只能有 4 个指令。

c．正好有 4 个寄存器。

d．具有用于保存程序的特殊存储器。

8．描述 `calln` 指令的目的。

9．为什么 `calln` 指令同时需要一个寄存器和一个数字？

10．识别一条 Hmmm 指令是一种便捷指令，也就是说，存在另一种方式完成同样的目标，但要使用更复杂的指令，即多条指令。

11．在本章中，我们使用了“珍贵财产”一词。解释该词的含义及其在编写汇编语言程序中的意义。

讨论题

1．在 4 比特符号—大小表示中，0011 表示 3，而 1011 表示−3。描述一种使用符号-大小表示方案将两个任意数字（正数或负数）相加的方法。它比使用二进制补码简单还是复杂？

2．Hmmm 程序可以执行 Python 程序执行的任何操作吗？为什么可以或者为什么不可以？

3．设想外星人有一个没有 `copy` 指令的 Hmmm 版本。说明如何使用其他 Hmmm 指令，将一个寄存器的内容复制到另一个寄存器。你能找到其他一些 Hmmm 指令，可以被现有的 Hmmm 指令取代吗？检查 `copy` 的二进制编码，并将其与其他指令的编码进行比较。`copy` 的编码是否有趣？

4．是否可以重新设计 Hmmm，使得它拥有更多内存，也许像真正的计算机一样有 4 GB～8 GB？为什么可以或者为什么不可以？

逻辑设计与编程题

1．外星人听说有可能由非门和或门的组合构造一个与门。仅使用非门和或门设计一个有 2 个输入的与门。（这里你不会用最小项扩展原理，因为最小项扩展需要与门。）

2．考虑 3 个布尔变量 `x`、`y` 和 `z` 的函数 `f`。如果 `x + y > z`，则该函数返回 `True`。为 `f` 构造一个真值表。然后，利用最小项扩展原理，为 `f` 编写一个布尔公式。最后，画出一个计算 `f` 的电路草图。

3．真值表通常用于描述在日常情况下出现的问题。例如，一栋 3 层楼的电梯可能有 3 个输入，是针对 3 层楼的每一层的呼叫按钮；还有两个输出：一个用于打开电梯的电动机，另一个用于控制电梯是向上还是向下移动。（如果电动机关闭，则向上/向下控制无效。）构造一个真值表，描述按下一个或多个呼叫按钮时电梯的“明智”行为。你将不得不做出一些判断，决定如何处理冲突情况。此外，你可能需要先创建更多的输入，然后才能解决问题。

4．4.3.5 节中描述的 S-R 锁存器是几种类型的锁存器之一。另一种类型是 D 锁存器，它是通过在 S-R 锁存器中添加两个 AND 门和一个 NOT 门而创建的。D 锁存器有两个输入，分别为“D”和“clock”。当 clock 为 1 时，D 锁存器的输出（Q）与 D 输入相同。当 clock 为 0 时，Q

保持在以前的水平。因此，clock 可以要求 D 锁存器“记住”D 的最后一个值。“D 锁存器听起来很酷！”外星人说。请在 S-R 锁存器上添加两个 AND 和一个 NOT 门，设计一个 D 锁存器。

5．编写一个 Hmmm 程序，如果给定数字 n，它将从 n 倒计数到 0，并按顺序输出每个数字。例如，给定 5 作为输入，程序应输出 5、4、3、2、1、0（在单独的行上）。

6．修改“倒计数”程序，使它按 2 倒计数。例如，给定 4，它应该输出 4、2、0。请注意不要输出任何负数！

7．外星人获得了一个 Hmmm 版本，该版本没有将两个数字相乘的 mul 函数。编写一个 Hmmm 程序，通过重复加法实现乘法。给定两个输入，例如 r1 和 r2，你的程序应将 r13 设置为 0，然后将 r1 重复添加到 r13。每次将 r1 加到 r13 时，将 r2 减 1，直到达到 0。

8．将你的乘法程序转换为一个函数，它预期从 r1 和 r2 中获得输入。然后编写一个“主”程序，该程序从用户那里读取两个数字，调用该乘法函数，然后将其答案与内置的乘法函数的结果（即 mul r3，r1，r2）进行比较。你能找到任何输入，导致你的函数与 mul 指令返回不同的答案吗？如果是这样，你能修复该问题吗？

第 5 章　命令式编程

命令式就是定义什么是正确的并执行。

——Barbara Jordan

5.1　计算机了解你（比你更了解你自己）

如今，似乎几乎每个网站都在尝试推荐一些东西。网站推荐书籍、电影、音乐、活动甚至朋友！Netflix 如何知道我们可能喜欢看哪些电影？Amazon 怎么知道我们想买什么？

Netflix 向我推荐了电影《外星人》!

这个问题的答案在于计算机科学的一个广泛而重要的子领域：数据挖掘。数据挖掘的重点是，从大量非结构化或半结构化数据中提取有用的信息。

在本章中，我们将研究名为“协同过滤”（CF）的基本数据挖掘算法的简化版本。协同过滤的一个版本广泛用于许多成功的推荐系统中，包括 Amazon 的推荐系统，以及许多其他需要研究大量数据的应用领域（例如金融市场、地质数据、生物数据、网页等）。本章的目标是构建一个使用 CF 算法基本版本的音乐推荐系统。

当然，我们的推荐系统和 CF 算法会进行必要的简化。构建具有业界水平的推荐程序系统很复杂，而现实世界中的推荐程序系统通常依赖于复杂的机器学习算法和模型，它们的名称令人印象深刻，比如“受限玻尔兹曼机”。这些算法很酷，但是超出了本书的范围。不过不用担心，即使是本章中介绍的简化方法，也可以为你提供一些基本概念，来了解这些更复杂的系统如何工作。

我更喜欢我的玻尔兹曼机不受限制！

要了解协同过滤的机制，让我们回到万维网普及之前的“黑暗”时代。在那些古老的时代（可能是在你出生之前），人们发现电影、图书、餐厅和音乐的方式是让别人推荐，他们知道这些人的爱好与他们相似。

一些协同过滤系统也基于相同的基本原理。它们找到那些通常和你喜欢同样事物的人，然后推荐他们喜欢的、你可能尚未发现的事物。实际上，这只是协同过滤的一种类型，称为“基于用户的 CF”。如果你想了解有关不同类型 CF 的更多信息，请自行上网查阅。

我与你的室友交谈，得知这些是你最喜欢的艺人或乐队，所以请不要否认！

让我们考虑一个简单的例子，在这个例子中，系统尝试推荐你可能喜欢的音乐。首先，系统需要了解你的爱好，因此你必须为它提供一些有关你喜欢什么的信息。假设你告诉系统，你喜欢 Jennifer Lopez、Beyoncé、Drake 和 Maroon 5。

系统已经知道另外 5 个存储的用户（我们已经为他们存储了一些数据）：

- Ani 喜欢 Maroon 5、Coldplay 和 The Beatles。
- Bo 喜欢 Jennifer Lopez、Michael Jackson、Nicki Minaj、Florida Georgia Line 和 Shakira。
- Cynthia 喜欢 Nicki Minaj、Jennifer Lopez、Beyoncé、Drake 和 Shakira。
- Damian 喜欢 The Beatles、Maroon 5、Daft Punk 和 Taylor Swift。
- Eduardo 喜欢 Michael Jackson、Maroon 5、Beyoncé 和 Bruno Mars。

为你确定推荐包含两个步骤。

1. 确定哪些用户的爱好与你最相似。
2. 选择那些相似用户喜欢的艺人或乐队并排序。这些是你的推荐。

当然，有许多算法可以执行上述每个步骤，并且在执行这些步骤时可能会出现许多有趣的问题，但是我们将保持相对简单。我们的系统将使用以下简单的 CF 算法。

1. 对于每个用户，统计你的个人资料与其他用户的个人资料之间匹配的艺人或乐队的数量。
2. 选择匹配次数最多的用户。
3. 推荐出现在他们的列表中，但不在你的列表中的艺人或乐队。

在上面的示例中，系统确定 Cynthia 与你的匹配次数最多。Cynthia 喜欢你所喜欢的 3 位艺人 Jennifer Lopez、Beyoncé 和 Drake，而其他人和你共同喜欢的都不超过 2 位，因此推荐系统选择 Cynthia 作为与你的爱好最相似的人。它还可以看到 Cynthia 喜欢 Shakira 和 Nicki Minaj，因此推荐你看看这些艺人。

必须承认，这是一个简化的例子，关于这种方法，你可能会想到许多好问题。例如以下的问题。

- 如果我已经知道我不喜欢 Shakira 怎么办？系统如何利用这种信息？
- 在真实的系统中，有数百万的用户，系统如何有效地找到最佳匹配？
- 如果有多个人与我的爱好有最佳匹配，该怎么办？相反，如果没有人与我的爱好匹配怎么办？

我不相信你！每个人都喜欢 Shakira！

这些问题中的大多数及其答案超出了本章的范围，但是我们鼓励你在继续阅读时考虑如何回答这些问题。如果你感兴趣，那就太好了！这正是你继续学习 CS 时将会学到的东西。但是现在，回到我们的音乐推荐系统的基础。

我们的目标：音乐推荐系统

在本章的其余部分，我们将构建一个音乐推荐系统，该系统将实现上述基本协作过滤算法。以下记录显示了与系统交互的例子。

```
（欢迎使用音乐推荐系统！ 你叫什么名字？Christine

欢迎你Christine。由于你是新用户，因此我需要收集有关你的音乐偏好的一些信息。

请输入你喜欢的艺人或乐队：Maroon 5

请输入其他你喜欢的艺人或乐队，或按Enter键以查看你的推荐：Jennifer Lopez

请输入你喜欢的其他艺人或乐队，或按Enter键以查看你的推荐：Beyonce

请输入你喜欢的其他艺人或乐队，或按Enter键以查看你的推荐：Drake

请输入你喜欢的其他艺人或乐队，或按Enter键以查看你的推荐：

Christine，根据我目前认识的用户，我相信你可能会喜欢：
Shakira
Nicki Minaj

我希望你喜欢它们！我将保存你喜欢的艺人或乐队，并在将来为你提供新的推荐。）
```

该系统跟踪用户及其喜好。随着更多用户对更多歌曲进行评价，系统可以为新用户和现有用户生成其他推荐。因此，Christine下次使用该系统时，很可能会得到一些新的推荐。

在介绍用于实现推荐系统的技术之前，请花点时间考虑一下上面演示的程序中涉及的步骤。你需要收集和存储哪些数据？你需要如何处理数据？你需要产生什么输出？

尽管实际上有很多方法可以编写该程序，但基本组件如下。

- 从用户那里获取输入的能力
- 可以重复执行多次任务（例如，询问用户喜欢的艺人或乐队，并将它们与存储的用户喜好进行比较）
- 以不同方式存储和操作数据的能力（例如，存储用户的响应，并对存储的用户喜好进行操作）
- 能够在两次程序运行之间保存和重新加载数据（例如，从文件中加载存储的用户喜好，将当前用户的喜好保存到文件）

在本章的其余部分中，我们将学习执行上述每个任务的方法，最终得到功能完善的音乐推荐系统。

5.2 从用户那里获取输入

上面列出的第一个功能是从用户那里获取输入。幸运的是，这只需要使用 Python 内置的 `input` 函数。下面是一些使用 `input` 函数的代码示例：

```
def greeting():
    name = input('What is your name? ')
    print('Nice to meet  you,', name)
```

下面是这段代码运行时的样子：

```
>>>  greeting()
What is your name? Christine
Nice to meet you, Christine
```

`input` 函数带有一个参数：运行 `input` 函数时将输出的字符串（例如，上例中的字符串 `'What is your name?'`）。当 Python“看到”`input` 函数时，它将输出该字符串，然后等待用户键入自己的字符串并按回车（或 Enter）键。此时，Python 会将用户的输入字符串赋值给出现在等号左侧的变量。在上面的例子中，用户键入的字符串将赋值给变量 `name`。

类型转换

Python 的 `input` 函数总是返回字符串。如果你希望将该字符串转换为其他类型，例如整数或浮点数（带小数点的数字，也称为 `float`），则可以使用 Python 的类型转换函数来完成。在下面的例子中，我们将用户的输入字符串转换为浮点数。

```
def plus42():
    numAsString = input('Enter a number: ')
    num = float(numAsString)
    print('The answer is', num + 42.0)
```

在 Python Shell 中，看起来像这样：

```
>>>  plus42()
Enter a number: 15
The answer is 57.0
```

在上面的例子中，要让算法能工作，我们必须将用户输入的字符串转换为数字类型。如果我们试图将 `numAsString` 与 `42.0` 相加，Python 会报错。

Python 为它的每种内置类型提供了一种类型转换函数（其中包括 `int(s)`、`float(s)`和 `list(s)`）。但是请注意，将数据从一种类型转换为另一种类型（例如，从字符串转换为浮点数）

可能是“危险的”。在上面的例子中，我们将用户的输入字符串 15 转换为浮点数 15。但是，如果用户输入了字符串' watermelon '，Python 尝试将它转换为浮点数会失败，并导致错误消息。

因此证明“西瓜”不能“飘浮”！

5.3 重复任务：循环

创建推荐系统的下一项功能是多次执行一组操作的方法。例如，推荐系统需要让用户输入他们喜欢的几个艺人或乐队。目前，让我们稍微改变一下系统，使系统不再要求用户输入任意数量的艺人或乐队，而是要求输入 4 个艺人或乐队。执行这种数据收集的算法如下。

重复以下步骤 4 次

① 向用户显示提示。

② 获取用户的输入。

③ 记录用户的答案。

我们已经知道，以下语句

```
artist = input('Enter an artist you like: ')
```

将从用户那里收集一个艺人或乐队的名字。由于我们要这样做 4 次，因此可以复制 4 行，每当我们要向用户询问一个艺人或乐队时，就复制一行，如下所示：

```
artists = ['', '', '', '']  # create a list with 4 slots
artists[0] = input('Enter an artist you like: ')
artists[1] = input('Enter an artist you like: ')
artists[2] = input('Enter an artist you like: ')
artists[3] = input('Enter an artist you like: ')
```

对于只需要 4 个喜好，这还不错。但是，如果我们想问用户 10 个喜好该怎么办？或者 42 个？代码将很快变得冗长且烦琐。此外，如果我们决定要对要求用户输入的方式进行小更改，则必须在程序的 4 个、10 个或 42 个位置进行更改。这对于程序员来说会很烦！再有，我们可能希望让用户指定他们要输入多少艺人或乐队，而不是在程序运行之前固定该值。在这种情况下，我们事先不会知道要在程序中放多少行代码。

实际上，对我来说，正确的次数是 42 次！

在第 3 章中，我们已经看到了如何利用递归来执行重复的任务。实际上，我们还看到了第二种方法，即列表推导式。本章将介绍执行这些重复任务的另一种方法：“迭代”，即“循环”。

正如递归允许程序员以自然的方式表达自相似性一样，循环自然地表达了一系列的重复。事实证明，对于重复做某件事，递归和循环通常都是不错的选择，但在许多情况下，一种方法比另一种方法更容易、更自然。稍后会有更多讨论！

5.3.1 底层的递归与迭代

如果你跳过了第 4 章，不用担心，你可能也想跳过本节，跳到 5.3.2 节。

为了说明迭代和递归之间的区别，让我们逆时间“旅行”，并重新看看递归的 factorial 函数：

```
def factorial(n):
    if n == 0:
        return 1
    else:
        answer = factorial(n - 1)
        return n * answer
```

在第 4 章中，我们在 Hmmm 中实现了此函数，并看到在机器层面上，递归利用栈来跟踪函数调用，以及每个函数调用中变量的值。在那一章中，我们还研究了 factorial 函数的另一种非常不同的实现，该实现非常简单并且不使用栈。下面就是：

```
#
# Calculate N factorial
# Input: N
# Output: N!
#
# Register usage:
#
#       r1      N
#       r2      Running product
#

00 read r1          # read n from the user
01 loadn r13 1      # load 1 into the return register
                    # (base case return value)
02 jeqz r1 06       # if we are at the base case, jump to the
                    # end
03 mul r13 r13 r1   # else multiply the answer by n
04 addn r1 -1       # and decrement n
05 jump 02          # go back to line 2 and test for base case
                    # again
06 write r13        # we're done so print the answer
07 halt             # and halt
```

与递归版本不同，这个实现使用变量（在这个例子中是 r13）逐渐“累积”答案。最初，r13 设置为 1。在第 3～5 行中，将 r13 中的值乘以当前 n 值（存储在寄存器 r1 中），将 n 减 1，然后控制跳回到第 2 行进行测试，看看这些指令是否应该再次执行。重复这个过程，直到 n 的值达到 0。当 n 达到 0 时，r13 包含乘积 $n \times (n-1) \times \cdots \times 1$，我们就完成了。

从某种意义上说，这种迭代方法比递归更简单，因为它只是一圈一圈地循环，更新变量的值直到完成。无须在递归调用之前跟踪（栈上的）“珍贵财产”，并在递归返回时（从栈中）恢复“珍贵财产”。现在，让我们看看如何在 Python 中实现这种迭代方法。

5.3.2 有限迭代：for 循环

在许多情况下，我们希望重复执行特定次数的计算。Python 的 for 循环表达了这种想法。我们看一下如何用 for 循环在推荐程序中实现迭代，以收集用户喜欢的固定数量的艺人或乐队。

首先，假设用户将输入 3 个艺人或乐队：

```
artists = []

for i in [0, 1, 2]:
    nextArtist = input('Enter an artist that you like:')
    artists.append(nextArtist)

print('Thank you! We'll work on your recommendations now.')
```

这个 for 循环将它的“循环体”（两行缩进的代码）精确地重复 3 遍。让我们仔细看看它是如何工作的。以 for 开头的行是“循环头”，包含 5 个必需部分。

1. 关键字 for。

2. 控制循环的变量的名称。在我们的例子中，该变量名为 i。使用一个新变量名，仅为这个 for 循环创建，这是最安全的，也可以使用一个旧值不再需要的变量名。

3. 关键字 in。

4. 一个序列，诸如列表或字符串。在我们的例子中，是列表[0, 1, 2]。

5. 冒号。该冒号表示 for 循环头结束，循环体开始。

如前所述，循环头之后的两行缩进代码称为循环体。循环体中的指令必须在循环头后一致地缩进，就像函数中的语句一样。请注意，在上面的代码中，print 调用不是循环体的一部分，因为它没有缩进。

那么，这个 for 循环到底做了什么？我们的变量 i 最初将使用列表中的第一个值，即 0。然后它将执行 for 循环下面缩进的代码行。在我们的例子中，是第 4 行和第 5 行。第 4 行使用了 Python 的 input 函数，该函数输出字符串

```
Enter an artist that you like:
```

然后暂停，让用户键入响应。一旦用户这样做并按回车（或 Enter）键，该响应将被放在名为 nextArtist 的变量中，因此 nextArtist 将是一个字符串，它是艺人或乐队的名字。第 5 行利用 Python 的 append 函数，将该字符串添加到 artists 列表。

Python 认识到这是 for 循环体的结尾，因为下一行没有缩进——也就是说，它与循环头的缩进级别相同。因此，Python 现在返回到循环头，并且这次 i 取值 1。现在再次执行循环体中的指令，要求用户输入另一个字符串，并将该字符串附加到 artists 列表的末尾。

同样，Python 返回到循环头，这次 i 取值 2。Python 再次执行循环体，我们得到了另一个字符串，并将其添加到 artists 列表。

最后，i 没有其他值可取了，因为我们告诉它要从列表[0, 1, 2]中获取值。这样，循环就完成了，Python 继续执行调用 print 的指令。

4 个 for 循环！

如何要求用户输入 4 个艺人或乐队，而不是 3 个？简单！我们可以将循环头修改为：

```
for i in [0, 1, 2, 3]:
```

那么 25 次迭代呢？好吧，我们可以将列表[0, 1, 2, 3]替换为列表[0, 1, 2, 3, 4, 5, 6, 7, 8, 9, 10, 11, 12, 13, 14, 15, 16, 17, 18, 19, 20, 21, 22, 23, 24]，但谁愿意键入所有这些内容？（当然，我们认为这并不是很有趣！）作为替代，我们可以利用内置的 range 函数（我们在第 3 章中看到过）自动生成该列表：

```
for i in range(25):
```

请记住，range(25)实际会生成 0～24 的 25 个元素的列表。

控制变量是不是必须命名为 i？不是，这里可以使用任何有效的变量名。为了清楚起见并避免混淆，通常应该避免使用在函数中较早使用过的名称，尽管我们经常在不同的循环中复用变量名称。

最后，谈一谈风格。一般来说，像 i 或_这样的变量名不是描述性的，通常被认为是糟糕的选择。但是，仅用于控制循环的变量是非常临时的变量。它的目的是允许我们循环，然后在循环结束后就完成了。因此，在 for 循环中使用简短的变量名是很常见的，名称 i、j 和 k 甚至_（单个下划线）都是常见的选择，尤其是在循环体内未使用该变量的情况下。

5.3.3 如何使用循环控制变量

在上面的示例中，“循环控制变量”i 在循环的每次迭代中都有一个新值，但我们从未在循环体内明确使用 i 的值。因此，我们的 for 循环头中的元素列表是什么都没关系——这些元素将被忽略。我们可以用任意有 3 个元素的列表来完成相同的事情：

```
for i in ['I', 'love', 'Spam']:
```

或

```
for i in [42, 42, 42]:
```

在这两种情况下，for 循环都将执行 3 次循环。

更常见的是，循环控制变量的值对于 for 循环内部的计算很重要。例如，考虑 factorial 函数的这个迭代版本。在这里，我们将循环控制变量命名为 factor，以说明其作用：

```
def factorial(n):
```

```
    answerSoFar = 1
    for factor in range(1, n+1):
        answerSoFar = answerSoFar * factor
    return answerSoFar
```

当我们调用 factorial(4)时，循环变为：

```
for factor in range(1, 5):
    answerSoFar = answerSoFar * factor
```

这里发生了什么？

- 在循环的第一次迭代中，answerSoFar 赋的值是它的初始值（1）乘以 factor 取的第一个值（即 1）。当循环完成第一次迭代时，answerSoFar 将为 1（即 1*1）。
- 在循环的第二次迭代中，answerSoFar 将再次赋值，保存 answerSoFar 先前的值乘以 factor 的积。由于 factor 的值现在为 2，所以当循环的第二次迭代结束时，answerSoFar 将等于 1*2，即 2。
- 在循环的第三次迭代之后，answerSoFar 将为 2*3，即 6。在循环的第四次迭代之后，answerSoFar 将为 4*6，即 24。

该循环正好重复 4 次，因为 range(1, 5)有 4 个元素：[1, 2, 3, 4]。

通过“展开”这 4 次循环迭代，查看循环在每次迭代中所做的事，我们可以更详细地了解这个过程。调用 factorial(4)变为：

```
# factorial function begins
answerSoFar = 1

# loop iteration 1
factor = 1
answerSoFar = answerSoFar * factor    # answerSoFar becomes 1
# iteration 2
factor = 2
answerSoFar = answerSoFar * factor    # answerSoFar becomes 2
# iteration 3
factor = 3
answerSoFar = answerSoFar * factor    # answerSoFar becomes 6
# iteration 4
factor = 4
answerSoFar = answerSoFar * factor    # answerSoFar becomes 24

# loop ends, 24 is returned
```

5.3.4 累积答案

考虑一下以上迭代中 answerSoFar 发生了什么。它从一个值开始，并且每次通过循环都会更新该值，使得在循环完成时，answerSoFar 包含最终答案，并可以返回。这种累积技术非常普遍，“累积”所需结果的变量称为“累积器”。

让我们看另一个例子。下面的 listDoubler 函数返回一个新列表，其中每个元素都是输入列表 aList 中相应元素值的两倍。累积器是哪个变量？

```
def listDoubler(aList):
    doubledList = []
    for elem in aList:
        # append the value 2*elem to doubledList
        doubledList.append(2*elem)
    return  doubledList

print(listDoubler([20, 21, 22]))
```

在这个例子中，累积器是列表 doubledList，而不是一个数字。它的长度一次增加一个元素，而不是像在 factorial 中那样一次增加一个因子。

我们再来看一个例子，其中循环控制变量的值对循环的功能很重要。回到我们的推荐程序，让我们写一个循环来计算两个列表之间的匹配数。当我们将当前用户的喜好与存储的用户的喜好进行比较，以确定哪个存储的用户的喜好与当前用户的喜好最匹配时，这个函数将非常有用。对于这个问题，我们有两个艺人或乐队名称列表：

```
>>> userPrefs
['Maroon 5', 'Jennifer Lopez', 'Drake']
>>> otherUserPrefs
['Maroon 5', 'Nicki Minaj', 'Jennifer Lopez', 'Bruno Mars']
```

这个函数的第一个版本将实现以下算法。

1. 将计数器（count）初始化为 0。

2. 查看用户喜好（userPrefs）中的每个艺人或乐队。如果某个艺人或乐队也处于其他用户的喜好（otherUserPrefs）中，那么让计数器加 1。

3. 返回计数器的值。

注意，count 是累积器。这个简单算法通过以下 Python 代码实现：

```
def numMatches(userPrefs, otherUserPrefs):
    ''' return the number of elements that match between
        the lists userPrefs and otherUserPrefs '''

    count = 0
    for item in userPrefs:
        if item in otherUserPrefs:
            count += 1
    return count
```

在这个函数中，我们使用了简写表示法（+=）来增加 count 的值。

代码行

```
count += 1
```

你可以将这种简写用于任意二元运算符，例如+=，-=，*=等。

就是以下的简写：

```
count = count + 1
```

上面的代码实际上并非专门针对我们的音乐推荐函数，而是可用于比较任何两个列表，返回它们之间匹配元素的数量。因此，从风格上来说，最好使用通用的列表名称作为这个函数的参数。也就是说，我们可以使用 `listA` 这样更通用的名称来替换变量名 `userPrefs`，并使用 `listB` 替换 `otherUserPrefs`。例如：

```
def numMatches(listA, listB):
    ''' return the number of elements that match between
        listA and  listB '''

    count = 0
    for item in listA:
        if item  in listB:
            count += 1
    return count
```

最后，让我们完成这个过程，选择与当前用户匹配次数最高的其他用户。我们将使用一种表示形式，其中每个存储的用户通过该用户的喜好列表来描述，并将所有这些列表放置在一个主列表中。利用这个表示形式，存储的用户喜好可能如下所示：

```
[ ['Maroon 5', 'Coldplay', 'The Beatles'],
  ['Jennifer Lopez', 'Michael Jackson', 'Nicki Minaj', 'Florida Georgia Line', 'Shakira'],
  ['Nicki Minaj', 'Jennifer Lopez', 'Beyonce', 'Drake', 'Shakira'],
  ['The Beatles', 'Maroon 5', 'Daft Punk', 'Taylor Swift'],
  ['Michael Jackson', 'Maroon 5', 'Beyonce', 'Bruno Mars'] ]
```

我们尚未包括存储的用户的名称，因为我们现在仅关心他们的喜好。但是，每个存储的用户在整体列表中都有自己的索引位置。例如，在上面的列表中，索引 0 对应于喜欢`['Maroon 5', 'Coldplay', 'The Beatles']`的用户。还有 4 个其他用户的索引分别为索引 1、2、3 和 4。我们假定这个列表不包含当前用户的喜好。

我们的任务是计算与当前用户最匹配的存储用户的索引。例如，如果我们当前的用户喜欢`['Jennifer Lopez', 'Beyonce', 'Drake', 'Maroon 5']`，则上面存储的用户列表中，索引 2 处的存储用户具有最大的匹配项（3 个匹配项），而所有其他存储的用户少于 3 个匹配项。

查找与当前用户最匹配的用户的算法如下。

1．初始化至今为止看到的最大匹配数为 0。

2．对于每个存储的用户

  2a．计算该存储的用户喜好与当前用户的喜好之间的匹配数。

2b．如果该匹配数大于至今为止的最大匹配数

2b-1．更新至今为止看到的最大匹配数。

2b-2．记录该存储用户的索引。

3．返回具有最大匹配数的用户的索引。

我们如何用 Python 表达这个算法？第一次尝试可能会像这样开始：

```
def findBestUser(userPrefs,  allUsersPrefs):
    ''' Given a list of user artist preferences and a
        list of lists representing all stored users'
        preferences, return the index of the stored
        user with the most matches to the current user. '''

    maxMatches = 0 # no matches found  yet!
    bestIndex  =  0
    for prefList in allUsersPrefs:
        currMatches = numMatches(userPrefs, prefList)
        if currMatches > maxMatches:
            # somehow get the index of prefList??
```

哎呀！在上面的实现中，我们陷入了僵局。在循环中，我们从 allUserPrefs 列表中找到了最匹配的存储用户的喜好列表，但是我们无法获取与该用户相对应的索引，而它正是我们致力于寻找的那个索引。不要偷看下面的解决方案，你能想到解决这个问题的方法吗？

下面是我们的再次尝试——这次更加成功：

```
def findBestUser(userPrefs,  allUsersPrefs):
    ''' Given a list of user artist preferences and a
        list of lists representing all stored users'
        preferences, return the index of the stored
        user with the most matches to the current user. '''

    maxMatches = 0
    bestIndex = 0
    for i in range(len(allUsersPrefs)):
        currMatches = countMatches(userPrefs, allPrefs[i])
        if currMatches > maxMatches:
            bestIndex = i
            maxMatches = currMatches
    return bestIndex
```

有什么不同？请注意，现在 for 循环不再遍历 allUsersPrefs 中的列表，而是遍历那些列表的索引。我们用 range 函数在 allUsersPrefs 中生成了所有索引的列表。有了 i 中存储的下一个索引的值，我们仍然可以访问列表中的元素，但是我们也可以将该索引值存储在 bestIndex 变量中。

5.3.5 处理非预期的输入

当有一个存储的用户比其他任何用户具有更多匹配时，上面代码将正确查找并返回与当前用户最匹配的存储用户的索引位置。但是规划非预期的输入和边缘情况（正常的输入，但处于预期的边缘）是编写函数的重要组成部分，因此，我们可以问一些有关这段代码在异常情况下如何工作的问题。

- 当两个或多个存储的用户与当前用户的匹配数最大时，将返回哪个索引？

  答：这个函数将返回与最大匹配数一样的已存储用户的最小索引。这似乎是合理的行为，但是你能发现如何修改代码，使得它返回最大索引吗？

- 当没有存储的用户与当前用户匹配时，将返回哪个索引？

  答：当没有存储的用户有任何匹配项时，该函数将返回 `0`，因为 `bestIndex` 永远不会改变其初始值。这可能不是合理的行为。我们可能考虑将 `maxMatches` 和 `bestIndex` 初始化为-1 而不是 `0`，这样就可以将没有用户与当前用户匹配的情况，与索引 0 的用户具有最大（非零）匹配数的情况区分开。

- 如果存储的用户列表为空，会发生什么？

  答：如果存储的用户列表为空，这个函数将返回 `0`。此行为可能不理想。同样，我们可以通过将 `maxMatches` 和 `bestIndex` 初始化为-1 来改善此行为。

根据上面的分析，我们对最初的实现进行了改进，代码如下：

```
def findBestUser(userPrefs, allUsersPrefs):
    ''' Given a list of user artist preferences and a
        list of lists representing all stored users'
        preferences, return the index of the stored
        user with the most matches to the current user. '''

    maxMatches = -1  # No matches seen yet
    bestIndex = -1   # No best stored user yet
    for i in range(len(allUsersPrefs)):
        currMatches = countMatches(userPrefs, allPrefs[i])
        if currMatches > maxMatches:
            bestIndex = i
            maxMatches = currMatches
    return bestIndex
```

5.3.6 不确定迭代：while 循环

在以上所有例子中，我们确切地知道要循环多少次。但是，在很多情况下，我们无法知道需要多少次迭代——循环的迭代次数取决于我们无法控制的某些外部因素。

我们继续我们的推荐程序。在 5.3.2 节中，我们从用户那里收集了固定数量的喜好的艺人。但是在我们最初的程序中，允许用户输入他们想要的任意数量的艺人，无论该数量是 1 还是 1000。

换句话说，while 循环会运行一会儿（a while）!

回想一下，for 循环总是运行确定的次数，因此这种情况需要使用另一种循环：while 循环。只要 while 循环的布尔条件为真，就会一直运行下去。

让我们仔细看看 while 循环的结构，该循环为我们的推荐程序实现了所需的新行为。

```
newPref = input("Please enter the name of an \
artist or band that you like: " )

while newPref != '':
    prefs.append(newPref)
    newPref = input("Please enter an artist or band \
that you like, or just press enter to see recommendations: ")

print('Thanks for your input!')
```

while 循环与 for 循环类似，它由一个循环头（以 while 开头的行）和一个循环体（循环头下面缩进的两行）组成。循环头按顺序包括以下 3 个元素。

- 关键字 while。
- 布尔表达式——在我们的例子中，该表达式为 newPref != ''。
- 冒号。

与 for 循环一样，循环体必须在循环头下缩进。因此，以上例子中的 print 调用不在循环体内。请注意，两个输入语句都被分割为不止一行的文本，但是 Python 认为每个语句实际上只是一行，因为在行末使用了反斜杠符号。

只要循环头中的布尔表达式的值为 True，就会执行 while 循环。在这个例子中，布尔表达式为 newPref != ''。假设用户在循环之前的响应输入语句中输入了非空字符串，那么表达式 newPref != ''在第一次求值时为 True。因此，我们进入 while 循环的循环体并执行两行缩进的代码。如果用户输入另一个非空字符串，则该布尔表达式将再次求值为 True。重复这个过程，直到最终用户只是按回车键（或 Enter 键）而没有输入任何文本，因此没有输入字符串。此时，newPref 是一个空字符串。所以，当我们返回 while 循环头并对布尔表达式 newPref != ''求值时，它现在求值为 False 并终止循环，从而导致继续执行循环下面（没有缩进）的 print 调用。

5.3.7 for 循环与 while 循环

我们外星人拇指都没有，怎么能记住一个经验法则？

计算问题需要确定的（for）迭代还是不确定的（while）迭代，通常是很明显的。一个简单的经验法则是，for 循环对于确切知道要执行循环的迭代次数的情况非常理想，而 while 循环对于事先不太清楚循环必须重复多少次的情况非常理想。总是可以用 while 循环来模拟 for 循环的行为。例如，我们可以用 while 循环来实现阶乘函数，如下所示：

```
def factorial(n):
    answer = 1
    while n > 0:
        answer = answer * n
        n = n-1
    return answer
```

在这里，我们使用了 answer 而不是 answerSoFar，因为我们知道，直到循环结束，answer 才会真正拥有所需答案的值。这是一种命名累积器变量的常见风格。

但是要小心。有时，当人们尝试使用 while 循环执行特定数量的迭代时，他们的代码最终看起来像这样：

```
def factorial(n):
    answer = 1
    while n > 0:
        answer = answer * n
    return answer
```

这节省了打字的时间！

用上面的代码运行 factorial(5)会发生什么？循环会运行，但永远不会停止！

这个 while 循环依赖于 n 最终将达到 0 的事实，但是在循环体中，我们从未更改 n 的值。Python 将永远“快乐”地继续计算 answer * n，或者直到你厌倦了等待，按 Ctrl-C 停止运行为止。

打字的时间更少，但与它所花的额外运行时间相比可能不值！

完成以下步骤，看看是否能在以下版本中发现错误：

```
def factorial(n):
    answer = 1
    while n > 0:
        answer = answer * n
    n = n-1
    return answer
```

这段代码也会永远运行。但为什么？毕竟，我们肯定做了减少 n 的操作。这个错误更加微妙。请记住，while 循环仅运行循环体内的代码，然后重复。因为从 n 减去 1 的语句与循环头对齐（未缩进），所以它不是 while 循环体的一部分。同样，循环变量在循环内没有更改，循环将永远运行。

永远运行的循环称为“无限循环”，这是常见的编程错误。使用 while 循环时，你必须记住要在循环内更新循环控制变量。for 循环的优点在于，这种更新是自动完成的。实际上，不小心创建无限循环的情况非常普遍，导致我们对于在 for 和 while 循环之间进行选择，得到了一条重要的信息。

要点：如果你事先知道要运行多少次循环，请使用 for 循环；如果不知道，请使用 while 循环。

5.3.8 故意创建无限循环

有时，无限循环会派上用场。它们实际上并不是无限的，但我们的想法是，如果“完成”，我们会停止循环，并且直到循环进行的后期，我们才需要确定什么算“完成”。

例如，考虑前面从用户收集数据的推荐程序循环的一个不同版本：

```
numCorrect = 0
prefs = []

while True:   # run forever -- or at least as long as needed...
    newPref = input("Please enter an artist or band that you like, \
                     or just press Enter to see recommendations: ")
    if newPref:
        prefs.append(newPref)
    else:
        break

print('Thanks for your input!')
```

else 语句的语句体包含一条指令：break。break 指令将立即中止执行它所在的循环，导致代码立即跳到循环体之后的下一行。break 可以在任何类型的循环中使用，其效果始终相同。如果代码执行时遇到 break 语句，Python 会立即退出包含它的循环，并在循环后的下一行继续。如果你在一个循环外面套上另一个循环（这完全是可以的，你在下面会看到），则 break 语句仅退出最里面的循环。

你可能会问：“我们真的需要 break 吗？”毕竟，可以像前面所看到的那样，用更丰富的条件编写上面的循环。哪种方法更好？这是风格问题。有些人更喜欢“延迟决策”的方法，写的循环看起来会长期运行，只是会从内部中断。另一些人则喜欢将所有条件直接放在循环头中。后一种方法的优点是条件有助于弄清循环的上下文。前一种的优点（总之在某些情况下）是避免了“笨拙”的两次输入语句——在循环开始前，不需要用户在单独的输入语句中输入其初始响应。

是的！我需要休息（a break)!

5.3.9 迭代是高效的

命令式编程的核心是能够更改变量（一个或多个累积器）的值，直到达到期望的结果。这种就地更改可以提高效率，因为它们节省了递归函数调用的开销。例如，在我们的旧的计算机上，Python 代码

```
counter = 0
while counter < 10000:
    counter = counter + 1
```

耗时 2.6 ms。“等效”的递归程序

```
def increment(value, times):
    if times <= 0:
        return value
    return increment(value + 1, times - 1)

counter = increment(0, 10000)
```
慢了一个数量级以上，用了 38.3 ms。

为什么会有这种差异？两种版本都对 `10000` 个布尔测试求值，都执行相同的 `10000` 次相加。不同之处在于，对实现递归的函数调用的栈帧进行构建和删除的开销。

内存差异甚至更大。将部分结果存储在栈中，甚至可能迅速耗尽计算机中可用的巨大内存。

5.4 引用以及可变和不可变数据

到目前为止，在本章中，我们已经在学习迭代上花了很多时间，这是命令式编程的关键组成部分。本节将讨论另一个主题，即数据的可变性。

5.4.1 按引用赋值

对一个变量（累积器）进行赋值和重新赋值，体现了用循环进行命令式编程的特征。所有这些赋值都是有效的，但前提是被复制的数据很小！浮点数和典型的整数存储在一个很小的空间中，通常只有一个寄存器（32 位或 64 位）的大小。它们可以快速地从一个地方复制到另一个地方。例如，赋值操作

```
# suppose x refers to the value 42 right now
y = x
```
运行速度非常快，如 5.3.9 节中的时序所示，可能最好以 ns 为单位进行测量。

另一方面，列表可能会变得很大。考虑以下代码：

```
# suppose that list1 holds the value of
# list(range(1000042)) right now
list2 = list1
```
这个赋值让 `list2` 指向 `1000042` 个元素的列表——如果它涉及 `1000042` 次单独的整数赋值，类似上面的 `y = x`，那么可能是一个“昂贵”的提议。而且，不能保证 `list1` 的元素本身不包含列表。

Python 如何让整数和列表赋值高效？它通过一个针对其所有数据类型的简单规则来做到这一点：赋值仅复制单个引用。

引用？事实证明，当你将一条数据（例如一个整数）赋值给一个变量时，你实际所做的就是将该条数据的内存地址存储在变量中。我们说该变量持有对该条数据的“引用”。当我们想到一个变量时，通常只考虑该变量所引用的数据，但是你也可以用 Python 的内置的 `id` 函数来获取该引用（该数据的内存地址）：

```
>>> x = 42
>>> x          # Python will reply with x's value
42
>>> id(x)      # asks for x's reference
               # (the memory location of its contents)
505494448      # this will be  different on your machine!
```

当我们谈论变量的“值”时，是指变量所引用的数据；当我们谈论变量的“引用”时，是指该数据的内存地址。例如，在上面的代码中，`x` 的值为 `42`，其引用为 `505494448`，这是值 `42` 在内存中的地址。顺便说一下，从第 4 章开始，你应该非常熟悉一条数据的内存地址的概念。如果愿意，你可以认为变量将引用保存为 CPU 上的寄存器。（这并不完全正确，然而是一个合理的概念模型。）图 5.1 以图形方式说明了这个概念。左侧的框是变量，你可以将它看成 CPU 上的寄存器，用于存储对内存地址的引用。实际数据存储在内存中。

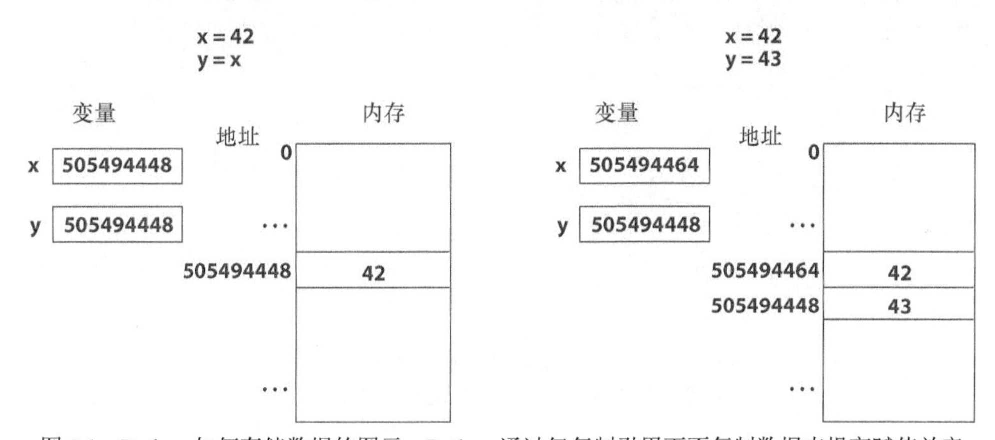

图 5.1 Python 如何存储数据的图示。Python 通过仅复制引用而不复制数据来提高赋值效率

```
>>> x = 42     # this puts the value 42 in the next memory slot (505494448),
               # and then it gives x a copy of that memory reference
>>> y = x      # copies the reference in x into y, so that x and y both
               # refer to the same integer 42 in memory
>>> id(x)      # asks for x's reference (the memory location of its contents)
               # 505494448
>>> id(y)      # asks for y's reference (the memory location of its contents)
               # 505494448
               # As you would expect, changes to x do not affect y:
>>> x = 43     # this puts 43 in the next memory slot,505494464
>>> id(x)
505494464      # x's reference has changed
```

```
>>> id(y)
505494448     # but y's has not
```

可以对用户定义的数据类型的赋值方式进行重新编程，但这是默认设置。

以上代码的执行结果如图 5.1 右侧所示。列表中的所有元素（以及列表本身）都在内存中，但是我们已经从这些元素的确切地址中抽象了出来。

```
>>> list1 = [42,43]   # this will create the list [42,43]
                      # and give its location to list1
>>> list2 = list1     # give list2 that reference, as well
>>> list1             # the values of each are as  expected
[42,43]
>>> list2
[42,43]
>>> id(list1)         # asks for list1's reference (its memory location)
538664
>>> id(list2)         # asks for list2's reference (its memory location)
538664
```

随着我们存储的数据变得越来越复杂，试图真正忠实地表示内存中发生的事情变得很烦琐，因此计算机科学家经常使用一种图，名为“框和箭头图”（有时也称为“内存模型图”）说明引用如何引用内存。图 5.2 的左侧是上述代码实现的“框和箭头图”。

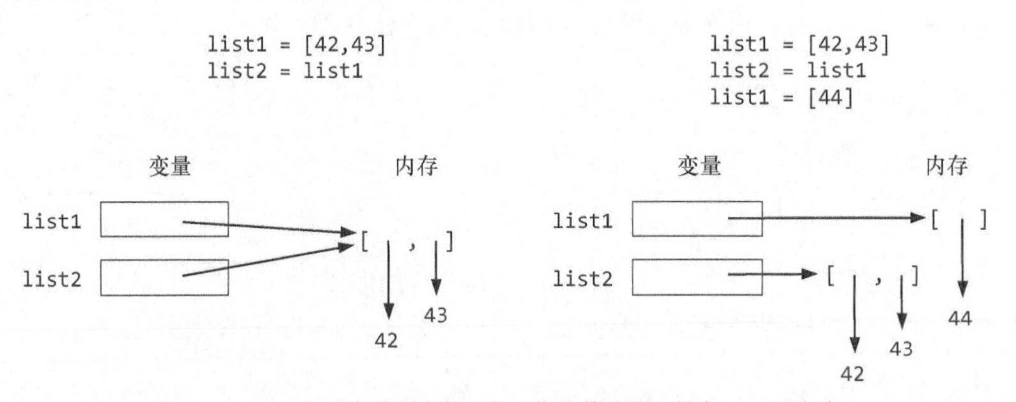

图 5.2 Python 如何存储列表数据的“框和箭头图”抽象——无论涉及哪种数据类型，赋值都以相同的方式发生

在图 5-2 中，列表[42, 43]存在内存中，同时由 list1 和 list2 引用，但是我们没有写出实际的内存地址，而是简单地表示 list1 和 list2 引用了内存中的相同数据。注意图 5.2 的一些有趣之处：列表中的元素也是对内存中其他地址数据的引用！这是整数和列表之间的根本区别。列表引用一个集合的内存地址，该集合可能包含许多元素，每个元素对底层数据都有自己的引用。

与整数一样，如果进行涉及列表的赋值，则会复制一个引用，如图 5.2 左上方的代码所示。赋值 list2 = list1 会使 list1 和 list2 都引用同一列表，而不是该列表的副本。正如我们将在下面看到的那样，这种“一次引用复制”将产生一些令人惊讶的可能结果。

与整数一样，对一个列表类型的变量重新赋值时，只有被重新赋值的变量会获得新值。下面的代码展示了这一点（图 5.2 的右侧也是）：

```
>>> list1 = [42,43]
>>> list2 = list1
>>> id(list1)
538664
>>> id(list2)
538664
>>> list1 = [44]      # will create the list [44] and make list1 refer to it
>>> id(list1)         # list1's reference has changed
541600
>>> id(list2)         # but list2's has not
538664
```

在前两个语句之后，list1 和 list2 存储了相同的引用。但是，当将 list1 重新赋值为[44]时，只有 list1 中的引用会更改，list2 中的引用保持不变。

“一次引用复制”规则可能会产生令人惊讶的影响。考虑以下例子，其中 x、list1[0]和 list2[0]开始都持有同样的对值 42 的引用：

```
>>> x = 42            #  to  get  started
>>> list1 = [x]       # similar to before
>>> list2 = list1     # give list2 that reference, as well
>>> id(x)             # all refer to the same  data
505494448
>>> id(list1[0])
505494448
>>> id(list2[0])
505494448
```

重新赋值 list1[0]会发生什么？

```
>>> list1[0] = 43     # this will change the reference held by the
                      # "zeroth" element of list1
>>> list1[0]
43                    # not surprising at all
>>> list2[0]
43                    # aha! list1 and list2 refer to the same list
>>> x
42                    # x is a distinct reference
>>> id(list1[0])      # indeed, the reference of that zeroth element has changed
505494464
>>> id(list2[0])      # list2's zeroth element has changed too!
505494464
>>> id(x)             # x is still, happily, the same as before
505494448
```

这个例子如图 5.3 所示。

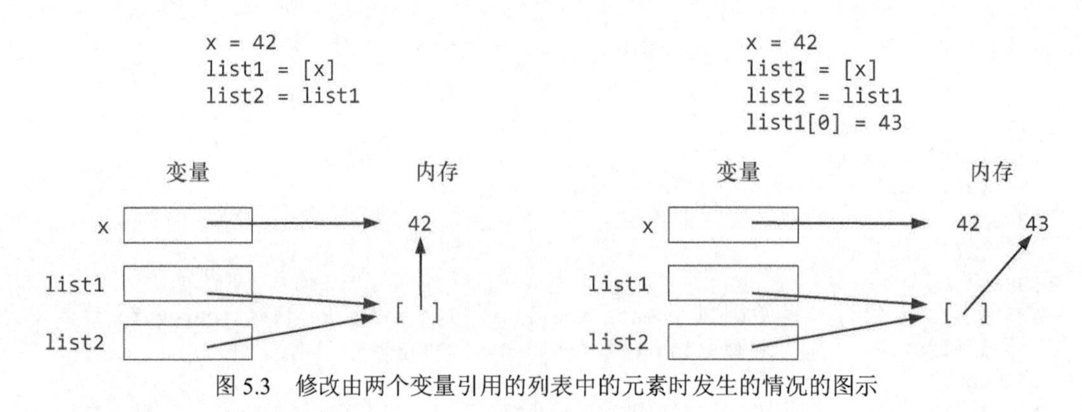

图 5.3 修改由两个变量引用的列表中的元素时发生的情况的图示

5.4.2 可变数据类型能用其他名称更改

注意，在上面的例子中，即使没有运行涉及 list2[0]的赋值语句，list2[0]也已更改！因为 list2 实际上就是与 list1 完全相同的数据的另一个名称，所以我们说 list2 是 list1 的“别名”。别名应谨慎使用，因为它们既强大又危险，我们将在下面详细探讨。

我喜欢说话。我想这让我静不下来（im-mute-able）!

列表是“可变”数据类型的例子。它们是可变的，因为我们可以修改其组成部分（在这个例子中，是列表的元素）。如果你有两个不同的变量都引用相同的一条可变数据（像上面的 list1 和 list2 一样），那么如果你通过一个变量对数据的组成部分进行了更改，在使用另一个变量时也会看到这种更改，因为两个变量都指向相同的数据。

Python 程序让你计算哪些比特组成这些数据类型，但你不能更改（甚至不能读取）单个比特。

不允许更改其组成部分的数据类型称为“不可变的”。整数值、浮点值和布尔值是不可变数据类型的例子。这并不奇怪，因为它们没有任何可变的可访问的组成部分。

具有组成部分的数据类型也可以是不可变的。例如，字符串是不可变的数据类型。如果你尝试更改字符串的一部分，Python 会“抱怨”：

```
>>> s  = 'immutable'
>>> s[0] = ' '
Traceback (most recent call last):
  File "<stdin>", line 1, in <module>
TypeError: 'str' object does not support item assignment
```

请记住，无论数据类型是可变的还是不可变的，你总是可以用赋值来使变量引用一条不同的数据。例如.

```
>>> s = 'immutable'
>>> s
'immutable'
>>> s = 'mutable'
>>> s
```

```
'mutable'
```

要点：有几个关键概念要牢记。

- 所有 Python 变量都有一个值（它们所引用的一条数据）和一个引用（该条数据的内存地址）。
- Python 赋值仅复制引用。
- 可变数据类型（如列表）允许赋值给组成部分。字符串之类的不可变数据类型不允许赋值给组成部分。
- 如果你有两个不同的变量，都引用相同的可变的一条数据，那么你用一个变量对该数据的组成部分所做的更改，在使用另一个变量时也会看到这种更改。
- 总是可以用赋值语句，让变量引用另一条数据。

5.5 可变数据+迭代：挑选艺人

我们已经介绍了命令式编程的两个基本概念，接下来将回到推荐程序的例子，以便说明数据可变性和迭代共同作用的强大功能。我们使用的例子是对元素列表进行排序。

5.5.1 为什么要排序？因为运行时间很重要

在深入研究排序细节之前，我们先确定为什么对数据进行排序很有用。原因之一是排序后的数据让数据处理快得多。

但是，如何衡量快与慢？分析程序运行多长时间的关键，是计算在给定大小的输入下它要执行的操作数。计算机科学家很少关心很小的输入的程序速度有多快，如果输入很小，它们几乎总是很快。但是，在处理大量输入时（例如，数百万个用户分别评价了数百甚至数千名艺人），速度就变得至关重要。实际上，如果我们试图构建一个可处理数百万用户的系统，则需要进行更多的优化，并使用完全不同的算法，但这超出了本章的范围。在这里，我们仅向你展示如何加快处理速度，以处理稍大的输入。

为了开始观察运行时间，我们来看一下使用 5.3.4 节中的函数计算两个列表之间的匹配数需要多长时间，代码如下：

```
def numMatches(list1, list2):
    ''' return the number of elements that match between
        list1 and list2 '''

    count = 0
    for item in list1:
```

```
        if item in list2:
            count += 1
    return count
```

现在，我们暂时假设每个列表中都有4个元素。花一点时间考虑一下你认为程序将进行多少次比较，然后继续阅读下面的内容。

首先，获取第一个列表的第一个元素，然后询问它是否在第二个列表中。in 命令有点“欺骗性”，因为它隐藏了大量的比较。Python 如何判断元素是否在列表中？它必须将该元素与列表中的每个元素进行比较！因此，在这个例子中，将第一个列表中的第一个元素与第二个列表中的所有4个元素进行比较，以确定它是否在该列表中。

你说：“等等！”如果该元素确实在列表中，则实际上不必检查所有4个元素，而是在找到要找的元素时可以停止检查。这是完全正确的，但实际上在我们的分析中这并不重要。出于类似这样的分析目的，计算机科学家非常悲观。他们很少关心事情进展顺利时会发生什么。他们关心的是在最坏的情况下可能发生的情况。在这种情况下，最坏的情况是该元素不在列表中，而 Python 必须将它与列表中的每个元素进行比较，以确定它是否不在列表中。由于我们关心的是这种最坏的情况，因此我们进行分析时假设面对最坏的情况。

继续我们的分析，对于列表中的第一个元素，程序对第二个列表中的元素进行了4次比较——隐藏在 in 命令中的比较。现在，我们的程序移至第一个列表中的第二个元素，在这里它再次与第二个列表进行了4次比较。同样，它对第一个列表中的第三个和第四个元素分别进行了4次比较，总次数为 $4+4+4+4=4\times4=16$。

再说一次，这个数字听起来似乎不太糟糕。毕竟，你的计算机可以在不到1s的时间内完成16次比较。但是，如果我们的名单更长怎么办？如果用户已经评价了100位艺人，而要比较的用户已经评价了1000位（高，但并非不可能）怎么办？这样，系统将不得不用第一个列表中的100个元素的每个元素，与第二个列表中的元素进行1000次比较——总计 $100\times1000=10^5$ 次比较。这仍然不是很大，但是希望你能完全看到事情的发展方向。一般来说，我们上面编写的匹配算法需要进行 $N\times M$ 次比较，其中 N 是第一个列表的大小，M 是第二个列表的大小。简单起见，我们可能就假设两个列表的长度总是相同，即为 N，在这种情况下，进行 10^2 次比较。

好消息是我们可以做得更好，但是要做到这一点，我们必须对列表本身做一个假设。如果我们的列表是按字母顺序排序的，会怎样呢？这如何让我们的匹配算法更快？答案是，我们可以使列表保持“同步”。也就是说，同时遍历两个列表，而不是从第一个列表中取出一个元素并将它与第二个列表中的所有元素进行比较。例如，如果第一个列表的第一个元素是“Black Eyed Peas”，而第二个列表的第一个元素是“Imagine Dragons”，那么你知道“Black Eyed Peas”没有出现在第二个列表中，因为I已经在B之后了。因此，你可以停止寻找“Black Eyed Peas”，然后转到第一个列表中的下一个元素。

下面是新算法。请记住，它假定列表已排序（稍后我们将讨论如何对列表进行排序）。

1. 将计数器初始化为0。

2．将每个列表中的当前元素设置为每个列表中的第一项。

3．重复以下操作，直到到达两个列表之一的末尾。

　3a．比较每个列表中的当前元素。

　3b．如果它们相等，则增加计数器，并将两个列表的当前元素设置为列表中的下一个元素。

　3c．否则，如果第一个列表中的当前元素按字母顺序位于第二个列表中的当前元素之前，就在第一个列表中推进当前元素。

　3d．否则，在第二个列表中推进当前元素。

4．返回计数器的值，该值保存匹配数。

在查看下面的代码之前，问一下自己："在这里我应该使用哪种循环？是 for 循环还是 while 循环？"当你对自己的答案满意时，请继续阅读。

下面是相应的 Python 代码：

```
def numMatches( list1, list2 ):
    '''return the number of elements that match between two sorted lists'''
    matches = 0
    i = 0
    j = 0
    while i < len(list1) and j < len(list2):
        if list1[i] == list2[j]:
            matches += 1
            i += 1
            j += 1
        elif list1[i] <  list2[j]:
            i += 1
        else:
            j += 1
    return matches
print numMatches(['a', 'l', 'i', 's', 'o', 'n'], ['a', 'k', 'h', 'i', 'l'])
```

在字符串上使用运算符==、>和<是完全有效的，并且这些运算符将按字母顺序比较字符串。回顾第 4 章 4.2.3 节，文本用数字表示。在这种编码中，所有大写字母都映射到连续的数字，其中"A"取最低的数字，"Z"取最高的数字。小写字母也映射到连续的数字，这些数字都高于"Z"所使用的数字。比较字符串时将使用这些编码。这意味着以大写字母开头的字符串将始终按字母顺序排列，并在以小写字母开头的字符串之前。这一点在我们的程序中很重要，我们将在下面的 5.5.2 节中讨论。

现在问题仍然存在，这种方法真的比以前比较两个列表中的元素的方法快吗？答案肯定是"是"。让我们再来看一次比较两个列表（每个列表包含 4 个元素）所需的比较次数。设想没有元素匹配，并且列表按字母顺序准确地交错。也就是说，首先第一个列表中的元素较小，然后第二个列表中的元素较小，依此类推。例如列表["Aretha Franklin", "Coldplay", "Madonna", "Red Hot Chili Peppers"]和["Black Eyed Peas", "Daft Punk", "Maroon

5", "Shakira"]。

对于这两个列表，上面的代码将永远不会在第一个条件上触发——它总是会递增 i 或 j，但不会同时递增。此外，它将查看第一个列表中的元素，恰好在查看第二个列表中的元素之前。本质上，它会查看两个列表中的所有元素。

乍一看，我们似乎没有任何改进。毕竟，我们不是仍然查看了两个列表的所有元素吗？是的，但是现在有一个重要的区别！之前我们针对第一个列表中的每个元素查看第二个列表中的所有元素，而在这里，我们只查看了第二个列表中的所有元素一次。换句话说，每次循环，i 或 j 都会增加，而它们永远不会减少。因此，在查看了该列表的所有元素并查看了另一个列表的元素之后，i 或 j 都将到达列表的末尾。因此，在这个例子中，这意味着我们将恰好进行 7 次比较。

一般来说，如果列表的长度均为 N，则此算法将进行的比较次数为 $N+N-1$，即 $2N-1$。因此，即使对于第一个列表具有 100 个元素而第二个列表具有 1000 个元素的情况，这也只有大约 1100 次比较，比以前方法的 10^5 次有显著改进！

用技术术语来说，计算机科学家将第二种算法称为“线性时间算法”，因为描述比较次数的方程是线性的。第一种算法称为“二次时间算法”，因为其方程是二次的。

5.5.2 一种简单的排序算法：selectionSort

既然我们已经确定了至少一个对数据进行排序的原因（还有很多其他原因，你可能会想到其中的几个），让我们看看一种实际进行排序的算法。

我们考虑一下用户喜欢的艺人或乐队列表，该列表是在程序启动时提示用户输入的。回顾一下，得到该列表的代码如下：

```
prefs = []
newPref = input("Please enter the name of an artist \
or band that you like: " )

while newPref != '':
    prefs.append(newPref)
    newPref = input("Please enter an artist or band \
that you like, or just press Enter to see recommendations: ")

print ('Thanks for your input!')
```

用户输入的艺人或乐队存储在列表 prefs 中，但该列表完全未排序。我们希望按字母顺序对列表进行排序，并在处理时整理其文本的格式。

首先，为了使我们的生活更轻松并方便用户个人资料之间的匹配过程，我们将遍历列表，让艺人或乐队的名称的格式标准化。具体来说，我们要确保没有前导（或末尾）空格，并且艺人或乐队的名称都用字首大写表示（即每个单词的首字母大写，其余字母均为小写）。即使这种格式在某些艺人或乐队上可能会失败，我们还是会用它，因为这种格式为我们提供了一种标准的表示形式，可以对字符串进行排序和比较，而不必担心会遇到大小写问题。回想一下，所有大写字符串都被认为“小于”小写字符串，并且按字母排序将 Zero 7 放在 will.i.am 之前会让用户感到困惑。

由于字符串是不可变的数据类型，因此我们实际上无法更改它们，我们必须用想要的格式生成新字符串。下面是实现这个目标的代码（请注意，我们也构建了一个新列表，这并非绝对必要）：

```
standardPrefs = []
for artist in prefs:
    standardPrefs.append(artist.strip().title())
```

strip 函数返回一个与 artist 相同的新字符串，但没有任何前导或末尾空格。然后 title 函数以字首大写的形式返回相同的字符串。

既然数据已经标准化，我们可以将它们从最小到最大（按字母顺序排列）进行排序。排序本身就是计算机科学研究的重要课题。

在这里，我们将讨论一种排序算法，但是关于该主题还有很多要说的。此外，Python 包含一个内置的 sort 函数，该函数使用比我们在这里描述的快得多的算法，对列表中的元素进行排序。因此，实际上，你通常只要使用这个内置函数，如以下示例所示：

我大概（sort of）知道这很重要！

```
>>> list1 = [32, 2, 42, 4, 9, 2, 11]
>>>  list1.sort()
>>> list1
[2, 2, 4, 9, 11, 32, 42]
```

请注意，sort 函数改变了 list1 的引用，并且不返回任何内容。

为了开发算法，我们从较小的情况开始。从计算上来看，什么是可以重新排列列表的单元？两元素列表是要考虑的最小（非平凡）情况。在这种情况下，最复杂的结果是这两个元素需要彼此交换位置。

实际上，这种交换的思路就是我们所需要的！设想有一个大的列表，我们希望按升序排序。下面是排序过程的算法。

1．首先，我们可以找到最小的元素。然后，我们可以将最小的元素与列表的第一个元素交换。

2．接下来，我们搜索第二个最小的元素，它是列表其余部分中最小的元素。然后，我们可以将它替换为整个列表的第二个元素。

3．我们继续进行交换，以使第三个最小的元素在列表中排在第三位，然后对第四个元素进行相同的操作，依此类推，直到元素被遍历完。

这个算法称为“选择排序”，因为它通过重复选择最小的剩余元素并将它移到列表中的下一个位置来进行排序。

我们需要什么函数来编写选择排序？似乎我们只需要两个函数。

- index_of_min(aList,startingIndex)，它将从索引 startingIndex 开始，返回 aList 中最小元素的索引。
- swap(aList,i,j)，它将交换 aList[i]和 aList[j]的值。

下面是这个算法的 Python 代码：

```
def selectionSort(listToSort):
    '''sorts aList iteratively and in-place'''
    for startingIndex in list(range(len(listToSort))):
        minElemIndex = indexOfMin(listToSort, startingIndex)
        swap(listToSort, startingIndex, minElemIndex)

# And here is indexOfMin:
def indexOfMin(aList, startIndex):
    '''returns the index of the min element at or after start_index'''

    minElemIndex = startIndex
    for i in range(startIndex, len(aList)):
        if aList[i] < aList[minElemIndex]:
            minElemIndex = i
    return minElemIndex


#And swap:
def swap(aList, i, j):
    '''swaps the values of aList[i] and aList[j]'''

    temp = aList[i]          # store the value of aList[i] for a moment
    aList[i] = aList[j]      # make aList[i] refer to the value of aList[j]
    aList[j] = temp          # make aList[j] refer to the stored value
```

请注意，selectionSort 不会返回任何内容。但是，当运行它时，我们会看到它有效。调用 selectionSort 后，列表已完成排序：

```
>>> preferences
['Maroon 5', 'Adele', 'Lady Gaga']
>>> selectionSort(preferences)
>>> preferences
['Adele', 'Lady Gaga', 'Maroon 5']
```

5.5.3 为什么 selectionSort 有效

为什么上面这段代码有效，即使 swap 和 selectionSort 没有 return 语句？有两个关键因素。

首先，列表是可变的。因此，两个（或多个）变量可以引用相同的列表，并且如果你用一个变量对列表元素进行改动，在使用其他变量时也会看到这些改动。但是，指向同一列表的这两个变量在哪里？在上面的示例中，preferences 似乎是引用最初的包含 3 个元素的列表的唯一变量。

下面是第二个因素：当输入传入函数时，函数参数被赋值为每个输入，就像明确编写了赋值语句一样。例如

```
listToSort = preferences
```

发生在对 selectionSort(preferences)的调用开始时。

因此，只要 listToSort 和 preferences 引用相同的列表，对 listToSort 元素所做的任何更改也会影响 preferences 的元素。这是因为 listToSort 的元素和 preferences 的元素是相同的。

要点：将输入传递给函数等同于将这些输入赋值给该函数的参数。因此，就像在普通赋值中一样，可变和不可变数据类型的微妙区别仍然适用。

图 5.4 的左侧说明了在第一次调用 swap 的开始处发生的情况。swap 的变量显示为灰色，而 selectionSort 的变量显示为黑色。请注意，swap 的 i 和 j 引用列表 aList（这只是列表 listToSort 的另一个名称）中的索引位置。

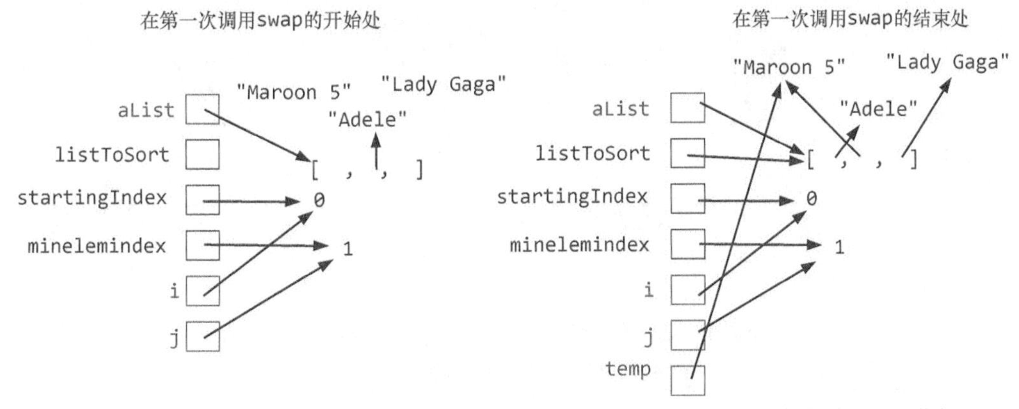

图 5.4　在第一次调用 swap 的开始和结束处，selectionSort 和 swap 中变量的图形化描述

图 5.4 的右侧显示了在第一次调用 swap 的最后变量的样子。swap 完成后，它的变量消失了。但是请注意，即使 swap 的 aList、i、j 和 temp 消失了，列表的值也已在内存中更改。由于 swap 的 aList 和 selectionSort 的 listToSort 以及最初的 preferences 都是对同一可变元素集合的引用，因此赋值语句对这些元素的影响将在所有这些名称之间共享。毕竟，它们都是相同列表的不同名称！

5.5.4 一种不同排序的 swap

考虑对 swap 和 selectionSort 函数进行很小的修改，这会对结果产生很大的影响：

```
def selectionSort(listToSort):
    '''sorts listToSort iteratively and in-place'''
    for startingIndex in range(len(listToSort)):
        minElemIndex = indexOfMin(listToSort, startingIndex)
        # now swap the elements!
        swap(listToSort[startingIndex], listToSort[minElemIndex])

def swap(a, b):
    '''swaps the values of a and b'''
    temp = a
    a = b
    b = temp
```

这段代码看起来与前面的几乎相同，但是现在不起作用：

```
>>> preferences
['Maroon 5', 'Adele', 'Lady Gaga']
>>> selectionSort(preferences)
>>> preferences
['Maroon 5', 'Adele', 'Lady Gaga']   # Nothing happened!
```

`swap` 中的变量 `a` 和 `b` 确实交换了，如图 5.5 所示。但是 `aList` 的元素什么也没有发生，`preferences` 的元素什么也没有发生（这是同一件事）。

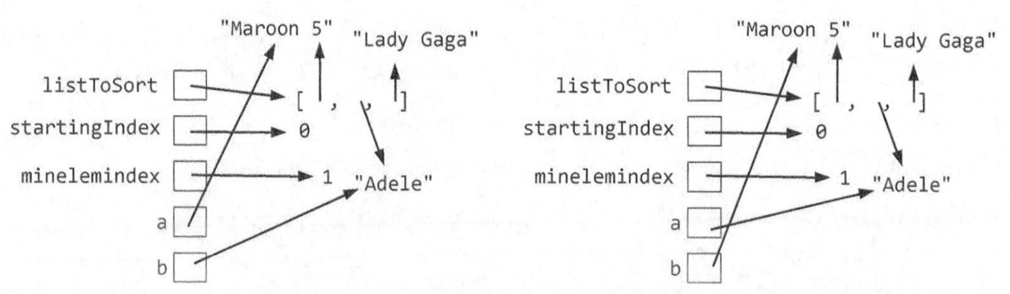

图 5.5 在第一次调用 `swap` 的开始和结束处，`selectionSort` 和新的（错误的）`swap` 中的变量的图形化描述

发生了什么？这次，`swap` 仅有两个参数 `a` 和 `b`，它们的引用分别是 `listToSort [startingIndex]` 和 `listToSort[minElemIndex]`的引用的副本。请记住，Python 的赋值机制：赋值是引用的副本。

因此，当 `swap` 这次运行时，其赋值语句在这两个引用的副本上工作。所有交换都按照指定的顺序进行，因此 `a` 和 `b` 所指的值确实是相反的。但是 `selectionSort` 的列表 `listToSort` 中保存的引用没有更改。因此，`listToSort` 的值不变。由于 `preferences` 的值是 `listToSort` 的值，所以什么也不会发生。

正如我们在本节开始时提到的那样，`selectionSort` 只是众多排序算法中的一种，其中一些算法比另一些算法要快（`selectionSort` 并不是特别快，尽管它肯定也不是最慢的算法）。

在实践中，尤其是现在，你可能只需要调用 Python 内置的列表 sort 函数，它很高效，更重要的是，它的实现正确。例如：

```
>>> preferences
['Maroon 5', 'Michael Jackson', 'Jennifer Lopez']
>>> preferences.sort()
>>> preferences
['Jennifer Lopez', 'Maroon 5', 'Michael Jackson']
```

5.5.5 二维数组和嵌套循环

事实表明，你不仅可以在列表中存储数字，还可以在列表中存储任何类型的数据。在第 2 章中，我们已经看到了许多示例，其中使用列表来存储字符串、数字和这些数据类型的组合。列表的列表不仅是可能的，而且功能强大，也很常见。

我们的律师已建议我们注意，从技术上讲，列表和数组之间存在非常细微的差异，但这时的差异太微不足道，无须担心。

在命令式编程中，列表通常称为“数组”。在本节中，我们研究另一种常见的数组结构：存储其他数组的数组，通常称为“二维数组”。

二维数组背后的概念很简单：它就是一个列表，其元素本身就是列表。例如，代码

```
>>> a2DList = [[1, 2, 3, 4],[5, 6, 7, 8], [9, 10, 11, 12]]
```

创建了一个名为 a2DList 的列表，其中 a2DList 的每个元素本身就是一个列表。图 5.6 以图形方式说明了该二维数组（列表），为简明起见，数组名称已缩写为 A。在图中，阴影框中的数据存储在 CPU 中，其余数据（包括对其他列表的引用）存储在内存中。

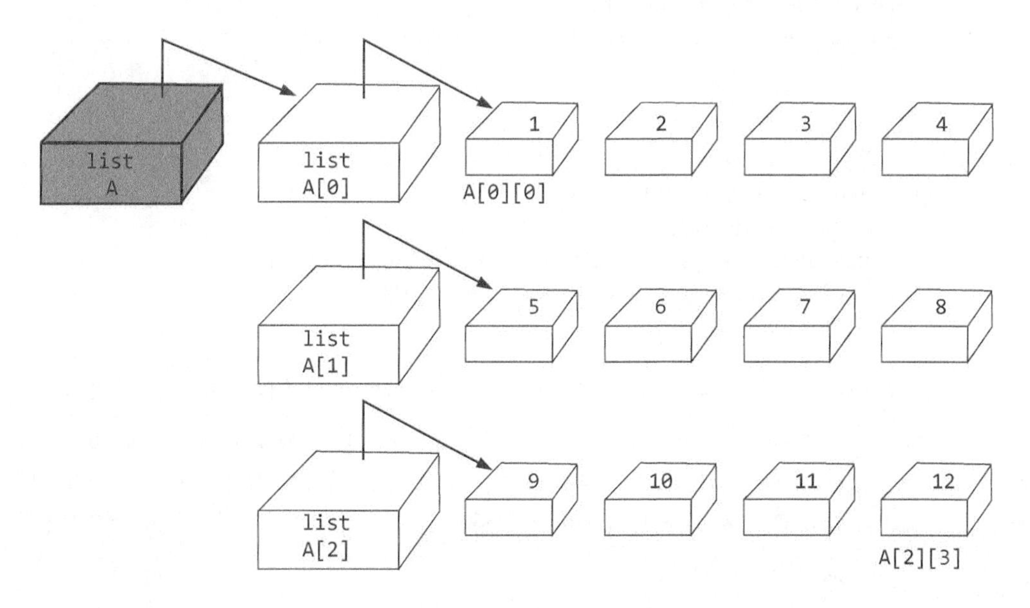

图 5.6 二维数组的图形描述

你可以使用“嵌套索引”访问二维数组中的各个元素，如下所示：

```
>>> a2DList[0]      # Get the first element of a2DList
[1, 2, 3, 4]
>>> a2DList[0][0]   # Get the first element of a2DList[0]
1
>>> a2DList[1][1]   # Get the second element of a2DList[1]
6
```

我们还可以询问有关 `a2DList` 的高度（行数）和宽度（列数）的问题：

```
>>> len(a2DList)    # The number of elements (rows) in a2DList
3
>>> len(a2DList[0]) # The number of elements in a list in
                    # a2DList (i.e., the number of columns)
4
```

通常，数组具有等长的行，但是“锯齿状数组”（长度不等的数组）肯定是可能的。

事实表明，这种二维结构是表示数据的非常强大的工具。实际上，我们已经在推荐程序中看到了这样的示例：存储的用户的喜好由列表的列表（二维数组）表示。在这个例子中，数组肯定是锯齿状的，因为不同的存储用户给不同数量的艺人或乐队评价。

上面我们写了一些代码来标准化一个特定用户喜好的表示。但是我们可能对这个数据库不太确定——这些列表是否也已标准化（排序）？如果没有，也没问题。编写让所有列表中的所有元素快速标准化的代码很容易：

```
def standardizeAll(storedPrefs):
    ''' Returns a new list of lists of stored user preferences,
    with each artist string in Title Case,
    with leading and trailing whitespace removed.
    '''

    standardStoredPrefs = []
    for storedUser in storedPrefs:
        standardStoredUser = []
        for artist in storedUser:
            standardStoredUser.append(artist.strip().title())
        standardStoredPrefs.append(standardStoredUser)
    return standardStoredPrefs

print(standardizeAll([[' Michael Jackson', 'jennifer lopez'], ['maROON 5']]))
```

在上面的代码中，外部循环控制各个用户的迭代。也就是说，对于外部循环的每次迭代，变量 `storedUser` 被赋值为一个列表，包含一个用户的喜好。然后，内部循环遍历该用户的喜好列表中的元素。换句话说，每个艺人或乐队的名称就是一个字符串。

我们还可以将上面的代码编写如下：

```
def standardizeAll(storedPrefs):
    ''' Returns a new list of lists of stored user preferences,
        with each artist string in title case,
        with leading and trailing whitespace removed.
    '''
    standardStoredPrefs = []
    for i in range(len(storedPrefs)):
        standardStoredUser = []
        for j in range(len(storedPrefs[i])):
            standardStoredUser.append(storedPrefs[i][j].strip().title())
        standardStoredPrefs.append(standardStoredUser)
    return standardStoredPrefs
```

这段代码执行相同的操作，但是我们使用了 for 循环的索引版本，而不是让 for 循环直接在列表中的元素上进行迭代。两种结构都可以，但是后一种使得下一个例子更加清楚。

由于列表是可变的，因此实际上我们不必创建一个全新的二维数组，只需更改数组中字符串的格式即可。请记住，字符串本身是不可变的，因此我们无法直接更改列表中存储的字符串。但是，我们可以更改存储在最初列表中的字符串，如下所示：

```
def standardizeAll(storedPrefs):
    ''' Mutates storedPrefs so that each string is in
        title case, with leading and trailing whitespace removed.
        Returns  nothing.
    '''
    for i in range(len(storedPrefs):
        for j in range(len(storedPrefs[i])):
            standardArtist = storedPrefs[i][j].strip().title()
            storedPrefs[i][j] = standardArtist
```

请注意，这段代码比上面的代码稍微简单一些，并且还避免了创建一个全新的列表的列表的开销。

5.5.6 字典

你是否曾经在字典中查找过 dictionary 这个词？

到目前为止，我们已经研究了一种可变数据：数组（列表）。当然，还有很多其他的可变数据。实际上，在第 6 章中，你将学习如何创建自己的可变数据类型。现在，我们将研究一种名为“字典”的内置数据类型，它使我们能够在数据之间创建映射。

为了说明字典的必要性，让我们再次回到推荐程序。到目前为止，在我们的示例中，我们还没有将存储的用户名与他们的喜好相关联。尽管我们不需要存储用户名及其喜好，就可以为每个当前用户计算最佳匹配用户（假设我们知道存储的用户列表不包含当前用户），但这样做有许多优点。举例来说，我们可以确保用户不会与自己相匹配！另外，在系统的扩展版本中，向用户推荐可能的“音乐朋友”也许是不错的选择，用户可能希望记录其爱好。

那么我们如何将用户名与他们的喜好相关联？一种方法是简单地使用列表。例如，我们可能有一个约定，其中每个用户存储的喜好中的第一个元素实际上是该用户的名称。这种方法有效，但它不是很好，并且可能导致错误。例如，如果另一个在该系统上工作的程序员忘记了这种表示形式，而是开始将用户名称看成艺人或乐队名称，该怎么办？尽管不是悲剧，但这仍然是不正确的行为。简而言之，“优雅”的设计很重要！

我们需要一个地方来存储从用户名到用户喜好的映射，我们可以将它传递给所有需要了解这种信息的函数。这是字典派上用场的地方！字典允许你在不可变数据（键）和其他可变或不可变数据（值）之间创建映射。下面是它们如何工作的示例：

```
>>> myDict = {}     # creates a new empty dictionary

# create an association between 'Ani' and her
# list of preferred artists.
# 'Ani' is the key and the list is the value
>>> myDict['Ani'] = ['Maroon 5', 'Coldplay', 'The Beatles']

# Ditto for Bo and his list
>>> myDict['Bo'] =   ['Jennifer Lopez', 'Michael Jackson',
                       'Nicki Minaj', 'Florida Georgia Line']
>>> myDict                          # display the mappings currently in the dictionary
{'Ani': ['Maroon 5', 'Coldplay', 'The Beatles'],
'Bo': ['Jennifer Lopez', 'Michael Jackson', 'Nicki Minaj', 'Florida Georgia Line']}
>>> myDict['Ani']                   # get the item mapped to  'Ani'
['Maroon 5', 'Coldplay', 'The Beatles']
>>> myDict['f']                     # get the item mapped to 'f'. Will cause an error
                                    # because we never added 'f' as a  key.
Traceback  (most  recent  call last):
File "<pyshell\#14>", line 1, in  <module>
myDict['f']

KeyError: 'f'
>>> 'f' in myDict             # Check whether a key is in the  dictionary
False
>>> list(myDict.keys())       # Get the keys in the dictionary
[Ani', 'Bo']                  # keys() actually returns a special kind of type
                              # that you can iterate over, but we've created a
                              # list out of this special type for simplicity

>>> myDict[1] = 'one'         # keys can be any immutable type
>>> myDict[1.5] = [3, 5, 7] # values can also be mutable, and
                              # we can mix types in the same dictionary
>>> myDict[[1, 2]] = 'one'  # Keys cannot be mutable

Traceback (most recent call last):
File "<pyshell\#36>", line 1, in <module>
myDict[[1, 2]] = 'one'
TypeError: list objects are unhashable
```

```
# a shorthand way to create a dictionary
>>> userPrefs = {'Ani': ['Maroon 5', 'Coldplay', 'The Beatles'],
'Bo': ['Jennifer Lopez', 'Michael Jackson', 'Nicki Minaj', 'Florida Georgia Line']}

>>>  userPrefs
{'Ani': ['Maroon 5', 'Coldplay', 'The Beatles'],
'Bo': ['Jennifer Lopez', 'Michael Jackson', 'Nicki Minaj', 'Florida Georgia Line']}
```

键值对在 `userPrefs` 输出中的出现顺序，代表其内部数据表示。它们并不总是以同样的顺序出现。

现在让我们看一下如何修改推荐代码，使用字典而不是列表的列表：

```
def getBestUser(currUser, prefs, userMap):
    ''' Gets recommendations for currUser based on the users in userMap
        (a dictionary) and the current user's preferences in prefs (a list)
    '''

    bestuser = None
    bestscore = -1
    for user in userMap.keys():
        score = numMatches(prefs, userMap[user])
        if score > bestscore and currUser != user:
            bestscore = score
            bestuser =  user
    return bestuser
```

请注意，字典让我们可以确保不会将用户与他们自己存储的喜好匹配！非常简单，也很灵活！

5.6 读写文件

我们已经有了构建推荐程序所需的几乎所有功能。我们缺少的最后一个主要功能，就是读取和写入文件的能力，我们需要为系统已经了解的用户加载和存储喜好。

幸运的是，在 Python 中使用文件非常简单，我们通过例子来说明文件的输入和输出（称为“文件 I/O”）。设想我们存储的用户喜好保存在名为 `musicrec-store.txt` 的文件中。每个用户在文件中只有一行，并且每一行的格式如下：

```
username:artist1,artist2,...,artistN
```

我们可以编写以下代码来读取和处理该文件中的所有行：

```
def loadUsers(fileName):
    ''' Reads in a file of stored users' preferences stored
        in the file 'fileName'.
        Returns a dictionary containing a mapping of user
        names to a list of preferred artists
    '''
```

```
    file = open(fileName, 'r')
    userDict = {}
    for line in file:
        # Read and parse a single line
        [userName, bands] = line.strip().split(":")
        bandList = bands.split(",")
        bandList.sort()
        userDict[userName] = bandList
    file.close()
    return userDict
```

当我们调用这个函数时，将传入文件名 musicrec-store.txt。

这个函数有一些关键部分。首先，我们必须打开文件进行读取。该任务是通过 file = open(fileName, 'r')这一行完成的，该行使我们可以通过 file 链接到文件的内容，但是我们只能从该文件读取（无法写入）。如果要写入文件，则指定'w'为 open 函数的第二个参数；如果我们想同时读写文件，则将'w+'作为第二个参数。

一旦有文件内容的句柄（file），就可以用上面的 for 循环结构从文件中读取行。当 for 循环遍历文件时，其实际操作是一次取出一行，直到没有更多的行为止，此时 for 循环结束。

最后，当我们从文件中读取了所有数据，并将其存储在程序的字典中后，可以用 file.close()关闭文件。

下面的函数展示了将存储的用户喜好（包括当前用户）写入文件中的代码部分：

```
def saveUserPreferences(userName, prefs, userMap, fileName):
    ''' Writes all of the user preferences to the file.
        Returns nothing. '''

    userMap[userName] = prefs
    file = open(fileName, "w")
    for user in userMap:
        toSave = str(user) + ":" + ",".join(userMap[user]) + "\n"
        file.write(toSave)
    file.close()
```

5.7 整合在一起：程序设计

既然已经有了所有工具，现在就可以构建整个推荐程序了。但是，作为免责声明，大型程序设计有时可能感觉更像是一门艺术，而不是一门科学。或者它可能感觉更像科学而不是艺术！当然有一些指导原则和理论，但是无论你多么小心，都很少会在第一次尝试时就将事情做好。因此，在实现任何合理规模的程序时，你都需要改好几次。我们可以将它看成是撰写和修订论文的过程。

程序设计的第一步是试图弄清楚程序负责什么数据、这些数据如何进入程序（输入）、如何被操纵（计算）以及从程序输出（输出）。实际上，这项任务是如此重要，以至于我们在本章开始时就让你这样做。

CS 程序设计至少与认真地写作一样需要创造力和精确度。不要害怕重做你的工作和“打草稿”！

在确定程序必须跟踪的数据之后，下一步是确定用于跟踪这些数据的数据结构。你是否需要整数、列表或字典，还是彻底需要其他结构？花一点时间，为你在本章开始时确定的（或现在确定的）每条数据选择变量名称和数据类型。

最后，既然你已经确定了数据和程序需要执行的计算，就可以开始编写函数了。你可以从任何喜欢的函数开始——没有正确的顺序，只要你能够在编写每个函数时对它进行测试。

完整的程序在本章末尾给出。

让我们回到协同过滤的概念，并检查该程序如何实现我们在 5.1 节中介绍的基本 CF 算法。如我们在那里所述，协作过滤背后的基本思想是尝试查看来自许多其他用户的数据，从而对用户进行预测。CF 算法有两个基本步骤。

1．查找与当前用户最相似的一个或多个用户。

2．根据他们的喜好做出预测。

在本章末尾的代码中，这两个步骤在 `getRecommendations` 中调用的辅助函数中执行。首先，`findBestUser` 查找并返回一个用户，其爱好最接近当前用户。然后 `drop` 返回艺人或乐队的列表，其中包含最匹配的用户喜好，却没有出现在当前用户列表中的艺人或乐队。

请注意，尽管代码相对较短，但为了清楚起见，我们选择将算法的两个阶段分成两个单独的函数。通常，对算法的每个语义部分都有其自己的函数，这是一个好主意。还要注意，`findBestUser` 还依赖于一个辅助函数 `numMatches`，这同样有助于使每段代码的具体功能更加清晰。

下面的代码中，还有一点新内容是最后一行：

```
if __name__ == "__main__": main()
```

你会注意到 main 函数实现了推荐程序的主控制。通过将本章末尾的代码加载到 Python 解释器中，然后键入以下内容，我们可以运行我们的推荐程序：

```
>>> main()
```

但是，为了使用户不必键入这条额外命令，我们包括以上这行，它告诉程序在代码加载到 Python 解释器后立即自动运行 `main` 函数。

最后，你会在程序顶部看到变量 `PREF_FILE`。该变量称为全局变量，因为程序中的所有函数都可以访问该变量。按照惯例，全局变量名称通常用大写字母（全部大写）书写，以便将它与局部变量和参数区分开。通常应该避免使用全局变量，但是有一些特殊情况，例如在这里，我们希望避免在整个程序中散布硬编码值（在这种情况下为文件名）。使用全局变量作为文件名可以在将来轻松更改。

下面是我们的音乐推荐程序的完整代码：

```
# A very simple music recommender system.

PREF_FILE = 'musicrec-store.txt'

def loadUsers(fileName):
    ''' Reads in a file of stored users' preferences
        stored in the file 'fileName'.
        Returns a dictionary containing a mapping
        of user names to a list preferred artists
    '''

    file = open(fileName, 'r')
    userDict = {}
    for line in file:
        # Read and parse a single line
        [userName, bands] = line.strip().split(':')
        bandList = bands.split(',')
        bandList.sort()
        userDict[userName] = bandList
    file.close()
    return userDict

def getPreferences(userName, userMap):
    ''' Returns a list of the user's preferred artists.
        If the system already knows about the user,
        it gets the preferences out of the userMap
        dictionary and then asks the user if she has
        additional preferences. If the user is new,
        it simply asks the user for her preferences. '''

    newPref = ''
    if userName in userMap:
        prefs = userMap[userName]
        print('I see that you have used the system before.')
        print('Your music preferences include:')
        for artist in prefs:
            print(artist)
        print('Please enter another artist or band that you like, or just press enter')
        newPref = input('to see your recommendations: ')
    else:
        prefs = []
        print('I see that you are a new user.')
        newPref = input('Please Enter the name of an artist or band that you like: ' )

    while newPref != '':
```

```
            prefs.append(newPref.strip().title())
            print('Please enter another artist or band that you like, or just press Enter')
            newPref = input('to see your recommendations: ')

        # Always keep the lists in sorted order for ease of
        # comparison
        prefs.sort()
        return prefs


    def getRecommendations(currUser, prefs, userMap):
        ''' Gets recommendations for a user (currUser) based
            on the users in userMap (a dictionary)
            and the user's preferences in pref (a list).
            Returns a list of recommended artists. '''

        bestUser = findBestUser(currUser, prefs, userMap)
        print(userMap[bestUser])
        print(prefs)
        print(drop(prefs, userMap[bestUser]))
        recommendations = drop(prefs, userMap[bestUser])
        return recommendations

    def findBestUser(currUser, prefs, userMap):
        ''' Find the user whose tastes are closest to the current
            user. Return the best user's name (a string) '''
        bestUser = None
        bestScore = -1
        print("Prefs is", prefs)
        for user in userMap.keys():
            score = numMatches(prefs, userMap[user])
            if score > bestScore and currUser != user:
                bestScore = score
                bestUser = user
        return bestUser

    def drop(list1, list2):
        ''' Return a new list that contains only the elements in
            list2 that were NOT in list1. '''

        list3 = []
        i = 0
        j = 0
        while i < len(list1) and j < len(list2):
            if list1[i] == list2[j]:
                print("Skipping", list1[i])
                i += 1
                j += 1
            elif list1[i] <  list2[j]:
                i += 1
            else:
                list3.append(list2[j])
```

```
            j += 1
    # add the rest of list2 if there's anything left
    while  j <  len(list2):
        list3.append(list2[j])
        j += 1

    return list3

def numMatches( list1, list2 ):
    ''' return the number of elements that match between
        two sorted lists '''

    matches = 0
    i = 0
    j = 0
    while i < len(list1) and j < len(list2):
        if list1[i] == list2[j]:
            matches += 1
            i += 1
            j += 1
        elif list1[i] < list2[j]:
            i += 1
        else:
            j += 1
    return matches

def saveUserPreferences(userName, prefs, userMap, fileName):
    ''' Writes all of the user preferences to the file.
        Returns nothing. '''

    userMap[userName] = prefs
    file = open(fileName, 'w')
    for user in userMap:
        toSave = str(user) + ':' + ','.join(userMap[user]) + '\n'
        file.write(toSave)
    file.close()

def  main():
    ''' The main recommendation function '''

    userMap = loadUsers(PREF_FILE)
    print("Welcome to the music recommender system!")

    userName = input('Please enter your name: ')
    print ("Welcome,", userName)

    prefs = getPreferences(userName,  userMap)
    recs = getRecommendations(userName, prefs, userMap)

    # Print the  user's  recommendations
    if len(recs) == 0:
        print("I'm sorry but I have no recommendations for you right now.")
```

```
    else:
        print(userName+",", "based on the users I currently know about,\
I believe you might like:")
        for artist in recs:
            print(artist)

        print("I hope you enjoy them! I will save your preferred artists \
and have new recommendations for you in the future")

    saveUserPreferences(userName, prefs, userMap, PREF_FILE)


if __name__ == '__main__': main()
```

5.8 结论

在本章中，我们介绍了很多内容，最终构建了一个推荐程序，本质上与你实际在使用的程序类似。

我们还发现，做相同事情的方法通常有很多。例如，递归、for 循环和 while 循环都可以让我们重复计算任务。你如何确定要使用哪种方法？有些问题本质上是递归的。例如，第 2 章中的编辑距离问题很自然地适合于递归，因为它可以用相同问题的较小版本的解决方案来解决，这就是所谓的“递归子结构”问题。其他问题，例如计算数字的阶乘，可以用递归或循环自然地解决，尽管有所不同。在某些情况下，循环似乎是开展业务的最佳方式。需要做出类似这样的选择，这一事实也是设计程序变得有趣而富有挑战性的部分原因！

有推荐推荐程序的推荐程序吗？

关键术语

2D array：二维数组

accumulation/accumulator：累积/累积器

aliasing：别名

array：数组

body (of a loop)：循环体

box-and-arrow diagram (or memory model diagram)：框和箭头图（或内存模型图）

collaborative filtering (CF)：协同过滤

data mining：数据挖掘

data mutation：数据可变性

dictionary：字典

edge cases：边缘情况

file input/output (file I/O)：文件输入/输出（文件 I/O）

float：浮点数

floating-point number：浮点数

global variable：全局变量

header (of a loop)：循环头

immutable data type：不可变数据类型

imperative programming：命令式编程

infinite loop：无限循环

initialization：初始化

iteration：迭代

jagged arrays：锯齿状数组

key：键

linear time algorithm：线性时间算法

loop control variable：循环控制变量

loop：循环

mutable data type：可变数据类型

nested indices：嵌套索引

quadratic time algorithm：二次时间算法

reference to a variable：变量的引用

selection sort：选择排序

value of a variable：变量的值

while loop：while 循环

练习

判断题

1. Python 的 `input` 函数始终返回字符串类型。

2. 不确定的 `while` 循环通常是迭代固定元素列表的最佳选择。

3. 你总是可以用 `while` 循环代替 `for` 循环来实现相同的行为。

4. 以下代码永远不会导致无限循环：

```
accumulator = 0
for item in myList:
    accumulator += item
```

5. 在 Python 中，每个变量都保存一个引用。

6. 在 Python 中，字符串是可变数据。

7. 对于存储不可变数据的引用的变量，永远不能重新赋值。

8. 考虑以下代码，`id(list1)`和 `id(list2)`的值是相等的：

```
list1 = [1, 2, 3]
list2 = list1
```

9. 选择排序算法选择列表中未排序部分的第一个元素，并将它插入列表中已排序部分的正确位置，从而对列表进行排序。

10. 如本章所述，选择排序算法不需要返回任何值，因为它使要排序的列表发生了变化。

选择题和简答题

1. 哪些选项放入以下代码中将产生无限循环？选择所有符合条件的选项。

```
count = 0
total = 1
while ____:
    total += 1
    count += 1
```

a. `True`

b. `count > 0`

c. `count < 10`

d. `count != 42`

e. `count <= 0`

2. 考虑下面定义的二维数组：

```
a2DList = [[1, 2, 3], [4, 5, 6], [7, 8, 9], [10, 11, 12]]
```

a. `a2DList[2][1]`的值是什么？

b. `a2DList[1]`的值是什么？

c. 编写一行代码，将值 `10` 更改为值 `42`。

3. 考虑以下代码：

```
def rotate(x,  y,  z):
    temp = x
    x = y
    y = z
    z = temp

a = 1
b = 2
c = 3
rotate(a, b, c)
```

a. 调用 `rotate` 函数后，`a`、`b` 和 `c` 的值是多少？

b. 如果我们添加以下行

```
return (x, y, z)
```

作为 rotate 函数的最后一行，会有所不同吗？

4．假设你创建以下列表：

```
x = [1, 2, 3]
y = [1, 2, 3]
z = x
```

以下各项求值结果是什么？为什么？

a．`x == y`

b．`id(x) == id(y)`

c．`id(z) == id(x)`

d．`z[1] == y[1]`

e．`id(z[1]) == id(y[1])`

5．运行以下代码：

```
z[2] = y[0]
y[0] = 5
```

在这两个赋值语句之后，变量 x、y 和 z 的值是多少？

6．考虑以下代码：

```
list1 = [2, 3, 4]
list2 = [list1, list1, list1]
list1[0] = 6
```

a．list2[0]的值是什么？

b．list2 的值是什么？

讨论题

1．解释为什么一个函数的迭代实现比同一个函数的递归版本更有效。

2．解释累积器的概念。它有什么用途？给出两个问题作为例子，说明在解决方案中适合使用累积器。

3．确定的 for 循环和不确定的 while 循环有什么区别？给出一个使用确定循环更合适的例子，以及一个使用不确定循环更合适的例子。

4. 以下程序要求用户输入一个数字，然后输出一个值，它是用户输入的数字的两倍。但是，它不能按用户预期的方式工作。说明调用它时的实际操作、问题的根源，以及解决方法。

```
def twoTimesInput():
num = input('Enter a number: ')
print(2*num)
```

编程题

1. 以下Hmmm程序计算三角形的近似面积。外星人请求你帮助将Hmmm程序转换为Python程序，该程序使用循环来计算三角形的近似面积。

```
#
# Calculate the approximate areas of many triangles.
# Stop when a base or height of zero is given.
#
# First input: base
# Second input: height
# Output: area
#

0    read    r1       # Get base
1    jeqzn   r1 9     # Jump to halt if base is zero
2    read    r2       # Get height
3    jeqzn   r2 9     # Jump to halt if height is zero
4    mul     r1 r1 r2 # b times h into r1
5    setn    r2 2
6    div     r1 r1 r2 # Divide by 2
7    write   r1
8    jumpn   0
9    halt
```

现在，用了 jeqzn，我们的程序表现得很有“礼貌”：

```
% . /hmmm   triangle3. hmmm
…
Enter number: 4
Enter number: 5
10
Enter number: 5
Enter number: 5
12
Enter number: 0
```

2. 自从到达地球后，外星人就迷上了音乐艺人 Aretha Franklin。外星人希望筛选潜在的朋友，根据是他们是否也喜欢 Aretha Franklin。编写一个函数 likesAretha(artistList)，如果艺人名称“Aretha Franklin”出现在列表 artistList 中，则返回 True，否则返回 False。使用循环，不使用递归。挑战：你是否可以编写这个函数的两个版本，一个使用 for 循环，另一个使用 while 循环？

3. 外星人希望，他的 likesAretha 函数可以允许该函数的用户指定要与哪个艺人进行比较，从而更加通用。但是，外星人仍然想保留 Aretha Franklin 是最佳艺人的基本前提。修改 likesAretha 函数，让它：

a. 接受第二个名为 artist 的参数，该参数是用户输入的任意音乐艺人 Artist 的名称。

b. 根据 artist 是不是 Aretha Franklin 来输出不同的消息。例如，如果该艺人是 Aretha，显示肯定的消息"Aretha Franklin is my favorite artist!"，否则如果艺人是 Maroon 5（或者是 Aretha 之外的任何艺人），则显示类似这样的消息："Maroon 5 is OK … but no one compares to Aretha!"。

c. 如果 artist 在 artistList 中出现一次或多次，则返回 True。

d. 如果 artist 没有出现在 artistList 中，则返回 False。

4. 外星人有一个有趣的游戏想法。编写一个函数，使用户能够猜测计算机正在"想"的"秘密艺人"（硬编码到函数中）。每次用户猜测时，该函数应告诉用户，与用户的猜测相比，秘密艺术家的姓名在子母表中靠前或是靠后，或者用户已经猜对了。当用户正确猜出艺人或用户放弃（不输入任何猜测）时，该函数应停止。

5. 编写一个函数 rotateLeft(elements, k)，将列表中的元素向左轮转 k 个位置。该函数不应返回任何结果。它应该只修改 elements 列表。例如，如果 myList 包含元素[1, 2, 3, 4, 5]，则 rotate(myList, 3)将 myList 修改为[4, 5, 1, 2, 3]。加分项：你可以就地执行这行操作吗？也就是说，无须在函数内使用第二个"辅助"列表。

第 6 章　面向对象的程序

我根据我对它们的思考来创建对象，而不是根据我看到的方式。

——Pablo Picasso

6.1　简介

在本章中，我们将开发自己的“杀手级应用”：一个名为“机器人大战僵尸”的 3D 视频游戏。在本章结束时，你将拥有用于开发各种交互式 3D 程序的工具，这些程序可用于游戏、科学模拟，或你能想象的任何其他领域。

但是，我们在“瞒天过海”！本章的真正目的是演示一个“漂亮”的基础概念，称为“面向对象编程”（Object Oriented Programing, OOP）。面向对象编程不仅是 3D 图形和视频游戏中的“秘密武器”，而且还广泛用于大多数现代大型软件项目中。在本章中，你将学习面向对象编程中的一些基本概念。而且，是的，我们也会编写那个视频游戏！

6.2　对象式思考

在介绍“机器人大战僵尸”的 3D 视频游戏之前，我们设想以下情景。你是大型视频游戏开发商 Lunatix Games 的暑期实习生。他们的热门游戏之一 Lunatix Lander 让玩家尝试将飞船降落在行星表面上。这就要求玩家发射推进器，使飞船与着陆点对齐，并让它放慢到合理的着陆速度。游戏会向玩家显示剩余的燃料量，以及特定操作需要多少燃料。

在测试游戏时，你会注意到它经常报告说没有足够的燃料来执行关键操作，而实际上，你可以肯定应该正好有适量的燃料。你的任务是找出问题所在，并找到解决问题的方法。

火箭的两个燃料箱每个可容纳 1000 个单位，每个燃料箱的燃料表报告的值为 0～1，表示该燃料箱中剩余容量的分数。下面是你的一次测试的例子，其中 `fuelNeeded` 表示执行该操作所需的 1000 个单位的燃料箱的分数，而 `tank1` 和 `tank2` 表示两个燃料箱中每个燃料箱的容量的分数。最后一条语句是检查两个燃料箱中的燃料总量是否等于或超过操作所需的燃料。

```
>>> fuelNeeded = 42/1000
```

```
>>> tank1 = 36/1000
>>> tank2 = 6/1000
>>> tank1 + tank2 >= fuelNeeded
False
```

请注意，36/1000 + 6/1000 = 42/1000，所需燃料恰好是 42/1000。但是奇怪的是，代码报告说没有足够的燃料来进行操作，这注定了飞船坠毁。

通过使用 Python 的 decimal 程序包，向我们展示如何在内部表示 fuelNeeded、tank1、tank2 和 tank1 + tank2 的值，我们可以看到问题的根源。请注意，由于在内部表示数字的不精确性，它们与我们期望的不完全一样！具体来说，42/1000 的内部表示形式以 0.041999 开头，而不是正好 42/1000。

太失望了！

确切地说，由于计算机仅使用固定数量的位来表示数据，因此会出现不精确的情况。因此，只能存储有限数量的不同数值。具体来说，浮点数的小数部分（尾数）必须四舍五入到一个最接近值，该值是计算机可以存储的有限数字的值，从而导致我们在这里看到的各种意外行为：

```
>>> from decimal import Decimal
>>> Decimal(fuelNeeded)
Decimal('0.042000000000000002609024107869117869995534420013427734375')
>>> Decimal(tank1)
Decimal('0.035999999999999997279953589668366475962102413177490234375')
>>> Decimal(tank2)
Decimal('0.006000000000000000124900090270330110797658562660217285156 25')
>>> Decimal(tank1 + tank2)
Decimal('0.041999999999999999567013020396188949234783649444580078125')
```

这个“数值不精确”的例子，是因为计算机尝试将分数转换为浮点数（带有小数点表示形式的数字）时出现了不可避免的误差。但是，假设你在飞船上测量的所有量始终都是有理数（即具有整数分子和分母的分数），就可以避免这种不精确的问题。怎么做？整数不会受到不精确的影响。因此，对于每个有理数，我们可以存储其整数分子和分母，然后用整数进行所有算术运算。

例如，有理数 36/1000 可以存储为整数对 36 和 1000，而不是将它转换为浮点数。要计算 36/1000 + 6/1000，我们可以计算 36 + 6 = 42 作为分子，并将 1000 作为分母。将它与 fuelNeeded 的值 42/1000 进行比较，这需要分别比较分子和分母，因为仅需要比较整数，所以避免了数值不精确性。

为了简化这个过程，如果 Python 有一种将有理数作为整数对来处理的方法，那就太好了。也就是说，我们希望拥有一个“有理数”类型的数据（计算机科学家喜欢称之为“数据类型”），就像 Python 具有整数数据类型、字符串数据类型和列表数据类型（以及其他类型）。此外，如果我们能够像整数一样轻松地进行这些有理数的算术和比较，那就太好了。

Python 的设计人员无法预测人们可能想要的所有不同数据类型。作为替代，Python（像许多其他语言一样）具有一种不错的方法，可以让你（程序员）定义自己的新类型，然后像使用整数、字符串和列表之类的内置类型一样轻松地使用它们。

这种允许你定义新数据类型的功能称为“面向对象编程”，它是本章的主题。

6.3 有理数解决方案

拥有它很合理（rational）!

让我们开始定义一个有理数类型。为此，我们建立了一个 Python “工厂”来构造有理数。该工厂称为“类”，它看起来像这样：

```
class Rational(object):
    def __init__ (self, num, denom):
        self.numerator = num
        self.denominator = denom
```

不用担心这种怪异的语法，我们稍后会详细介绍细节。现在，大的思路是，一旦我们编写了这个 Rational 类（并将它保存在一个具有相同名称而后缀为.py 的文件中，在本例中为 Rational.py），我们就可以构造（或更技术化的方式称为“实例化”）新的有理数，来满足我们的需求。下面是使用这个类实例化两个有理数 36/1000 和 6/1000 的例子：

```
r1 = Rational(36, 1000)
r2 = Rational(6, 1000)
```

这里发生了什么？当 Python“看到”以下指令

```
r1 = Rational(36, 1000)
```

可能这是 Python 的自私（selfish）!

它做了两件事。首先，它实例化一个空对象，我们称之为 self。实际上，self 是对此空对象的“引用”，如图 6.1 所示。但是它只空了一会儿！

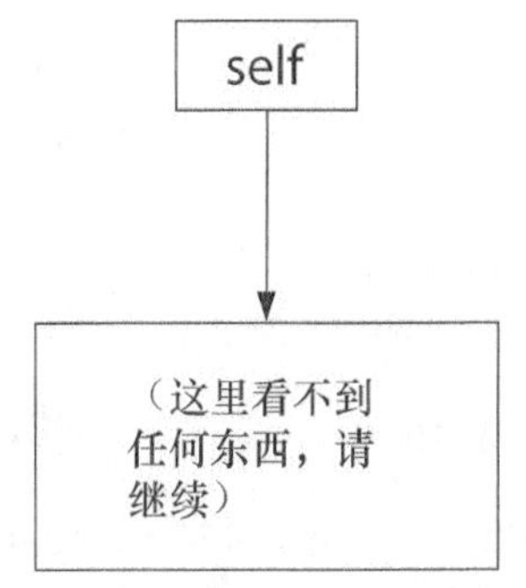

图 6.1 self 指向一个新的空对象

接下来，Python 在 Rational 类定义中查找名为__init__的函数（请注意，在单词 init 之前和之后都有两个下划线字符）。请注意，在上面的__init__定义中，该函数似乎带有 3 个参数，但是 r1 = Rational(36, 1000)这一行仅提供了两个参数。这是因为（你可能已经猜到了）第一个参数是 Python 自动传递的，它是对我们刚刚实例化的新的空对象 self 的引用。

__init__函数会引用新的空对象 self，它将向该对象添加一些数据。在我们的例子中，值 36 和 1000 分别作为 num 和 denom 传入_ _init_ _。现在，当_ _init_ _函数执行 self.numerator = num 这一行时，它是说："进入 self 引用的对象，给它一个名为 numerator 的变量，并将传入的 num 值赋给该变量。"类似地，self.denominator = denom 这一行是说："进入 self 引用的对象，给它一个名为 denominator 的变量，然后将传入的 denom 值赋给该变量。"请注意，变量 num、denom、numerator 和 denominator 不是特殊的，它们只是我们选择的名称。

Python 用术语"属性"来表示属于一个类的变量。其他一些语言也用另外一些术语表示同样的概念，诸如"数据成员"、"特性"、"字段"和"实例变量"等。

_ _init_ _函数中的 numerator 和 denominator 变量称为 Rational 类的"属性"。一个类可以拥有的属性取决于你想定义多少。很明显，有理数类必须至少拥有这两个属性！

在代码行

```
r1 = Rational(36, 1000)
```

中发生的第二件事，是变量 r1 现在被赋值为对 Python 程序刚创建并初始化的对象的引用。我们可以看到有理数的内容如下：

```
>>>  r1.numerator
36
```

在函数_ _init_ _中，我们使用了"点"。在 self.numerator = num 这一行中，我们也使用了点。点在那里做的事情一样。它是说："进入 self 对象并查看名为 numerator 的属性。"图 6.2 展示了这种情况。

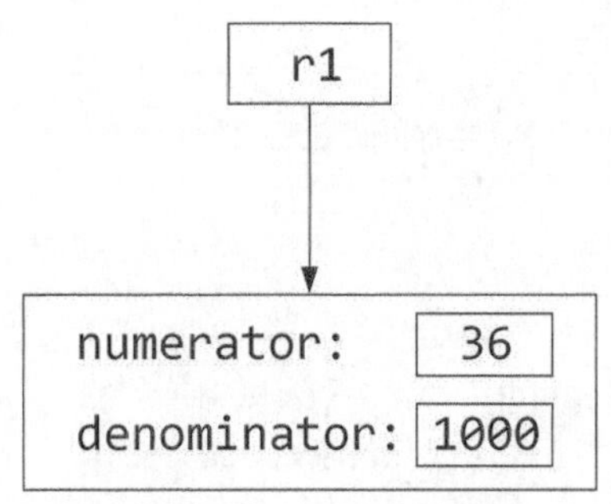

图 6.2　r1 引用 Rational 对象，带有 numerator 和 denominator

请注意，在本章的图中，我们表示内存的方式与第 5 章中使用的方式不同（这里更简单）。例如，图 6.2 显示了分子和分母的值，就像它们被存储在变量中一样。实际上，正如我们在第 5 章中看到的那样，整数值将位于内存中的其他位置，变量会存储对这些值的引用。

在我们先前的例子中，两次调用了 Rational 类，以实例化两个不同的有理数，如下所示：

```
r1 = Rational(36, 1000)
r2 = Rational(6, 1000)
```

第一次调用，即 Rational(36, 1000)，实例化了一个有理数 self，带有 numerator 36 和 denominator 1000。这被称为 self，但随后我们将 r1 赋值为引用这个对象。同样，r2.numerator 的意思是“转到名为 r2 的对象，并查看其名为 numerator 的属性。”请记住，由于 r1 和 r2 分别引用两个不同的对象，因此每个对象都有其自己的 numerator 和 denominator，如图 6.3 所示。

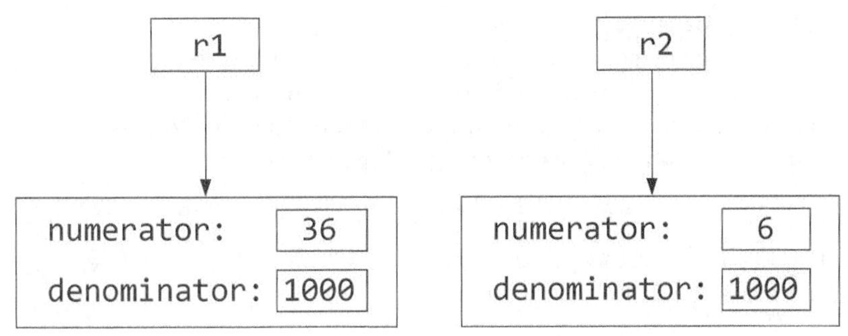

图 6.3 两个 Rational 类，引用分别为 r1 和 r2

让我们暂停一下，以便理解我们刚刚看到的内容。首先，我们定义了一个工厂（技术上称为“类”），名为 Rational。这个 Rational 类描述了一种用于构造新型数据的模板。该类现在可用于实例化这个类型的多个数据项（技术上称为“对象”）。每个对象将具有自己的变量（即“属性”），在这个例子中是 numerator 和 denominator，每个变量都有它自己的值。

请记住，我们定义 Rational 类的动机是要有一种方法来操纵（相加、比较等）有理数，而不必将它们转换为浮点数。在浮点数世界中，数值不精确会导致烦恼（以及飞船故障，甚至更糟）。

Python 的内置数据类型（例如整数、浮点数和字符串）具有相加、比较是否相等等功能。我们希望有理数也具有这些功能！我们开始将向 Rational 类添加一个函数，它允许我们将一个有理数与另一个有理数相加，并返回总和，该总和也是有理数。在类内部定义的函数有一个特殊的名称：它被称为该类的“方法”。__init__方法被称为“构造方法”，因为每次我们从该类构造新对象时，都会自动调用该方法。

Rational 类中的 add 方法使用如下：

```
>>> r1.add(r2)
```

这应该返回一个有理数，即一个类型为 Rational 的对象，它是 r1 和 r2 相加的结果。所以我们应该能够写成：

```
>>> r3 = r1.add(r2)
```

现在 r3 将引用 add 方法返回的新有理数。一开始，这里的语法可能会让你感到奇怪，但先迁就一下。我们稍后会看到，为什么这种语法是有道理的。

让我们来编写这个 add 方法。如果 r1 = a / b 且 r2 = c / d，则 r1 + r2 = (a×d + b×c)/b×d。请注意，可以通过除以分子和分母的公约数来简化所得的分数，但现在暂时不必担心。下面是

Rational 类，带有“闪亮”的新 add 方法：

```
class Rational:
    def __init__ (self, num, denom):
        self.numerator = num
        self.denominator = denom

    def add(self, other):
        newNumerator = self.numerator * other.denominator +
                       self.denominator * other.numerator
        newDenominator = self.denominator*other.denominator
        return Rational(newNumerator, newDenominator)
```

这里发生了什么？注意，add 方法接受两个参数 self 和 other，而我们上面的例子显示，该方法接受一个参数。（在继续阅读之前，请先在这里停下来考虑一下。提示：这与我们之前在 __init__ 方法中看到的类似。）

为了解决所有问题，让我们考虑以下顺序：

```
>>> r1 = Rational(1, 2)
>>> r2 = Rational(1, 3)
>>> r3 = r1.add(r2)
```

指令 r1.add(r2)所做的事情可能令人惊讶：它调用了 Rational 类的 add 方法。它似乎只是将 r2 传递给 add 方法，但这是一种错觉！实际上，它传递了两个值：首先，它自动将对 r1 的引用传递给它，然后对 r2 进行传递。太好了，因为我们的 add 方法期望有两个参数：self 和 other。因此，r1 进入 self 位置，r2 进入 other 位置。现在，add 方法可以对这两个有理数进行运算，将它们相加，构造一个表示其和的 Rational 类型的新对象，然后返回该新对象。

下面是关键：考虑某个任意的类 Blah。如果我们有 Blah 类的对象 myBlah，则 myBlah 可以使用符号 myBlah. foo(arg1, arg2, ..., argN)调用方法 foo。foo 方法将首先接收对对象 myBlah 的引用，然后是显式传入的所有 N 个参数。Python 就是“知道”第一个参数总是自动传入的、点之前的对象的引用。这个看似怪异的语法的优点在于，该方法由一个对象调用，而该方法知道哪个对象调用了它。华丽！

完成上述指令序列后，我们可以输入：

```
>>> r3.numerator
>>> r3.denominator
```

华丽（Snazzy）是一个技术术语！

我们会看到什么？我们会看到有理数 r3 的分子和分母。在这个例子中，分子是 5，分母是 6。

请注意，我们可以键入 r3 = r2.add(r1)来代替上面的 r3 = r1.add(r2)。这种情况下会发生什么？现在，r2 会调用 add 方法，将 r2 作为 self 传入，将 r1 作为 other 传入。我们会得到与以前相同的结果，因为有理数的加法是可交换的（即对于有理数，x + y = y + x）。

6.4 重载

到目前为止，我们已经建立了表示有理数的基本类。它既简洁又有用，但现在我们要让它更加精美。

你可能已经注意到，将两个为 Rational 类型的数字相加的语法有点尴尬。当我们将两个整数相加时（例如 42 和 47），我们当然不会输入 42.add(47)，而是会输入 42 + 47。

精美（Spiffy）是另一个技术术语！

事实表明，我们也可以使用运算符+来完成有理数相加！要做到这一点，我们只需将 Rational 类中 add 方法的名称更改为_ _add_ _。就是在单词 add 之前和之后加上两个下划线字符。Python 有一项特征是："如果一个函数名为_ _add_ _，那么当遇到 r1+r2 时，会将它转换为 r1._ _add_ _(r2)。" Python 如何判断这里的加法是有理数的加法，而不是内置的整数的加法？它只是看到 r1 的类型是 Rational，因此推断出+符号必定引用 Rational 类中的 add 方法。类似地，我们可以为其他类定义_ _add_ _方法，Python 会根据+符号前面的对象类型，来确定哪种方法适用。这个特征称为"重载"。

我们对+符号进行了重载，赋予其新的含义，该含义取决于它所使用的上下文。许多（尽管不是全部）面向对象的编程语言支持重载。在 Python 中，加法重载只是冰山一角。Python 允许我们重载所有常规的算术运算符和所有比较运算符，例如==、!=和<，等等。

这是好的重载。糟糕的"重载"（overloading）是每学期要修 18 个学分！

让我们思考一下比较有理数是否相等。请考虑以下情形。我们有两个不同的 Rational 对象，并比较它们是否相等：

```
>>> r1 = Rational(1, 2)
>>> r2 = Rational(1, 2)
>>> r1 == r2
False
```

为什么会返回 False？原因在于，即使 r1 和 r2 在我们看来都是相同的，但它们都是对不同对象的引用。这两个对象具有相同的内容，但是它们却是不同的，就像双胞胎是两个不同的人一样。另一种看待这种情况的方式是 r1 和 r2 引用了不同的内存块（blob）。当 Python 执行时，判断是否 r1 == r2，它会说"不相等！这两个引用不是相同的内存地址"。因为我们没有告诉 Python 如何以其他任何方式比较 Rational 对象，所以它只是比较 r1 和 r2，看看它们是否指向同一个对象。

块（blob）确实是一个技术术语！

因此，让我们重载==，让它对应于一个函数，按我们的预期进行比较。我们希望，如果两个有理数的比率相等，就认为它们相等，即使它们的分子和分母不相同，例如 1/2 = 42/84。一种测试是否相等的方法是使用我们在小学时学到的交叉乘法：将一个分数的分子乘以另一个的分母，然后检查它是否等于另一个分子分母的积。首先，我们编写一个名为__eq__的方法，将它包含在我们的 Rational 类中，以测试是否相等：

```
def __eq__ (self, other):
    return   self.numerator * other.denominator ==
             self.denominator * other.numerator
```

现在,如果我们有两个有理数,例如r1和r2,就可以用r1.__eq__(r2)或r2.__eq__(r1)来调用这个方法。但是，因为这个方法使用了特殊的名称__eq__，所以 Python 会“知道”，当我们写出 r1 == r2 时，应该将它转换为 r1.__eq__(r2)。另外请注意，__eq__方法使用==来比较 self.numerator * other.denominator 和 self.denominator * other.numerator。请务必注意，由于此==左侧的表达式是整数，Python 推断这种==的用法指的是比较两个整数的内置运算符。

还有许多其他符号可以重载。（要查看 Python 喜欢让你重载的方法的完整列表，请访问 Python 官方网站）。

例如，我们可以通过定义一个名为__ge__的方法（表示大于或等于）来重载>=符号。就像__eq__一样，此方法有两个参数：对自动传入的调用对象的引用（self）和对要进行比较的另一个对象的引用。因此我们可以将__ge__方法编写如下：

```
def __ge__ (self, other):
    return self.numerator * other.denominator >=
           self.denominator * other.numerator
```

这个例子更加强调了重载的美！

请注意，__eq__和__ge__方法的实现方式之间只有很小的差异。花一点时间确保你理解了__ge__为何有效。

最后，让我们回到本章开始的燃料问题。回想一下，由于浮点数的数字不精确，我们遭遇了任务失败：

```
>>> fuelNeeded = 42.0/1000
>>> tank1 = 36.0/1000
>>> tank2 = 6.0/1000
>>> tank1 + tank2 >= fuelNeeded
False
```

希望你现在不会感到负担过重（overloaded）。如果你反对我们在这里所做的事情，我们会感到很抱歉！

作为对比，我们现在可以使用新的 Rational 类来“拯救”该任务！

```
>>>  fuelNeeded = Rational(42, 1000)
>>>  tank1 = Rational(36, 1000)
>>>  tank2 = Rational(6, 1000)
>>>  tank1 + tank2 >= fuelNeeded
True
```

大功告成！

6.5 打印一个对象

现在，我们的 Rational 类非常有用。但是请试试下面的操作：

```
>>> r1 = Rational(1, 2)
>>> r2 = Rational(1, 3)
>>> r3 = r1 + r2
>>> r3
<Rational.Rational instance at 0x6b918>
>>> print(r3)
<Rational.Rational instance at 0x6b918>
```

当我们询问 r3 或尝试 print(r3)时，请注意奇怪的输出。在这两种情况下，Python 都告诉我们："r3 是一个 Rational 对象，我给它指定了一个特殊的内部名称，是 0x6b918。"该内部名称实际上是 Python 存储该对象的内存地址，因此如果你自己尝试，可能会看到略微不同的内存地址。

0x6b918？
那是什么呀？

至少在 print(r3)时，我们真正想要的是让 Python 以某种不错的方式显示数字，以便我们能够看到它！你可能还记得，Python 利用内置函数 str，可以将整数和浮点数转换为字符串。例如：

```
>>> str(1)
'1'
>>> str(3.142)
'3.142'
```

由于 print 函数要打印字符串，因此我们可以通过以下方式打印数字：

```
>>> print(str(1))
1
>>> print("My favorite number is " + str(42))
My favorite number is 42
```

实际上，其他 Python 类型（例如列表和字典）也有 str 函数：

```
>>> myList = [1, 2, 3]
>>> print("Here is a very nice list: " + str(myList))
Here is a very nice list: [1, 2, 3]
```

Python 通过重载名为__str__的特殊方法，让我们能够为自己的类定义 str 函数。例如，对于 Rational 类，我们可以编写以下__str__方法：

```
def __str__ (self):
    return str(self.numerator) + "/" + str(self.denominator)
```

该函数返回什么？它会返回一个字符串，包含分子、斜杠和分母。当我们键入 print(str(r3))时，Python 将调用此 str 方法。该函数首先在 self.numerator 上调用 str

函数。调用 str(self.numerator)是不是递归的？不是！由于 self.numerator 是一个整数，因此 Python 知道在这里针对整数调用 str 方法，来获取该整数的字符串表示形式。然后，它将该字符串连接到另一个包含斜杠/的字符串，以表示分数线。最后，在该字符串上连接分母的字符串表示形式，并返回该字符串。因此，在上面的运行示例中，r3 是有理数 5/6，我们可以按以下方式使用 str 方法：

```
>>> r3
<Rational.Rational instance at 0x6b918>
>>> print("Here is r3: " + str(r3))
Here is r3: 5/6
```

注意，在第一行中，当我们询问 r3 时，Python 只是告诉我们它是对 Rational 对象的引用。在第三行中，我们要求将 r3 转换为用于 print 函数的字符串。顺便说一下，str 方法有一个与之密切相关的名为 repr 的方法，你可以在网上查看该方法。

6.6　关于对象主题的更多讨论

假设我们希望将 r1 的分子从其当前值更改为 42。我们可以简单地键入：

```
r1.numerator = 42
```

换句话说，Rational 对象的内部可以更改，Rational 类是可变的。（回想一下第 5 章中关于可变性的讨论。）在 Python 中，我们自己定义的类是可变的（除非我们添加特殊特征，使它们不可变）。为了完全理解对象可变性的重要性，请考虑以下函数对：

```
def foo():
    r = Rational(1, 3)
    bar(r)
    print(r)

def bar(number):
    number.numerator += 1
```

当我们调用函数 foo 时会发生什么？在第一行中构造了一个 Rational 对象之后，它以该对象作为输入调用函数 bar。请注意，bar 不返回任何内容。但是，它接收到的变量 number 为 Rational 类型，并且 bar 递增该变量的 numerator 的值。由于像 Rational 这样的用户定义类是可变的，因此这意味着传入的 Rational 对象将改变其分子！因此，当 foo 最后打印出 Rational 对象 r 时，它将打印出 2/3，而不是 1/3。

这实际上是如何工作的？注意，在函数 foo 中，变量 r 是对有理数 1/3 的引用。换句话说，这个 Rational 对象位于计算机内存中的某个地址，而 r 是该内存块所在的地址。当 foo 调用 bar(r)时，它将引用（内存地址）r 传递给 foo。然后，变量 number 指向该内存地址。当 Python

看到 number.numerator + = 1 时，它首先转到由 number 引用的内存地址，然后使用点查看该对象的 numerator 部分，并将该值增加 1。当 bar 最终将控制权返回给调用函数 foo 时，foo 中的变量 r 仍引用相同的内存地址，但是现在该内存地址中 numerator 具有 bar 设置的新值 2。

这给我们带来了一个令人惊讶的事实：Python 中的一切都是对象！例如，Python 的列表数据类型是一个对象。“等一下！”我们听到你惊呼，“使用列表的语法看起来不像我们使用 Rational 的语法！”你的观点不错，但是让我们仔细看看。

我们的法律团队反对我们在此处使用“一切”这个词，但这与我们将要面对的事实足够接近。

对于 Rational，我们必须以这种方式创建一个新对象：

```
r = Rational(1, 3)
```

另一方面，我们可以更简单地创建一个新列表：

```
myList = [42, 1, 3]
```

但实际上，你渐渐了解和喜爱的这种列表表示法，只是 Python 的设计人员为我们提供的一种便利。它实际上是以下代码的简写：

```
myList = list()
myList.append(42)
myList.append(1)
myList.append(3)
```

如果我们要求 Python 显示上面的 myList，就会显示它是列表[42, 1, 3]。注意，代码行 myList = list()与 r = Rational(1, 3)类似，不同之处在于，我们没有为列表提供任何初始值。list 类的 append 方法用于将数据项追加到列表的末尾。列表是可变的，因此每次 append 的数据项都会更改列表！

实际上，列表类还有许多其他方法，你可以从网上学习。例如，reverse 方法将一个列表反转。下面是 reverse 方法的一个例子，基于我们上面创建的列表对象 myList：

```
>>> myList
[42, 1, 3]
>>> myList.reverse()
>>> myList
[3, 1, 42]
```

请注意，这个 reverse 方法不会返回新列表，而是会更改调用传入的列表。

在继续之前，让我们先回顾一下将两个列表合并在一起的表示法：

```
>>> [42, 1, 3] + [4, 5]
[42, 1, 3, 4, 5]
```

你认为符号+在这里是如何工作的？你懂的：它是列表类中的重载方法！也就是说，它是该类中的 add 方法。

字符串、字典，甚至整数和浮点数都是 Python 中的对象。但是，其中一些内置类型（例如字符串、整数和浮点数）被设计为不可变的。回想上一章，这意味着它们的内部不能更改。你也可以将自己的对象定义为不可变的，但这需要付出一些努力，而且很少需要这样做，因此我们不会探讨。

6.7 用 OOP 实现图形

我们已经看到，面向对象的编程非常优雅。很有可能，你现在相信它很有用。但是 3D 图形和视频游戏呢？那就是我们接下来要探讨的内容！

警告！本节包含图形语言！

我们将使用一个名为 VPython 的工具，该工具可在网络浏览器中运行 Python。你可以在网站上设置一个账户，在其中编写、保存和运行 3D 图形程序。

在 VPython 环境中，选择“Create New Program”（创建新程序），你会进入编辑器。在编辑器中，键入：

```
GlowScript 2.7 VPython   # This goes on the first line of your file!
b = box()
```

现在按“Run”（运行）按钮运行该程序。屏幕上现在会显示一个白盒子。它看起来更像是一个白色的正方形，因此让它旋转起来，可以看到它实际上是一个 3D 物体。

在显示窗口中（显示盒子的地方），用鼠标右键单击并拖动（或按住 Mac 上的 Command 键）。向左或向右拖动以围绕场景旋转。要绕水平轴旋转，请向上或向下拖动。使用鼠标中键单击并向上或向下拖动，以移近场景或移至更远的位置（在两键鼠标上，同时按住左右键；在单键鼠标上，按住 Option 键）。

如你所料，box 是 VPython 定义的一个类。命令

```
b = box()
```

调用构造函数来创建一个新的 box 对象，然后我们将该 box，或者更精确地说是对该 box 的引用，命名为 b。

正如我们的 Rational 类具有 numerator 和 denominator 属性一样，box 类也具有许多属性。其中包括盒子的长度、高度、宽度、位置、颜色甚至其材料属性。请尝试在命令行上更改这些属性，如下所示：

```
b.length = 0.5   # the box's length just changed
b.width = 2.0    # the box's width just changed
b.height = 1.5   # the box's height just changed
b.color = vector(1.0, 0.0, 0.0)   # the box turned red
```

最初定义 `b = box()`时，所有这些属性都有默认值。长度、宽度和高度属性均为`1.0`。请注意，颜色属性是 `vector` 而不是数字。VPython 定义了自己的 `vector` 类，就像我们在本章开始时定义了 `Rational` 类一样。我们会看到，向量不仅可以表示颜色，而且还可以表示三维点。不过，现在请注意，如果我们添加以下行：

```
print(b.color)
```

那么在运行程序时会得到以下信息：

```
< 1.0, 0.0, 0.0 >
```

输出 `b.color` 会调用 `vector` 类的 `str` 方法，该方法将显示这个向量。当使用向量表示颜色时，这 3 个值分别为 `0.0`～`1.0`，并分别指定颜色中红色、绿色和蓝色的数量。在这个例子中，我们拥有全部的红色，但没有绿色或蓝色，因此我们得到了一个明亮的红色矩形。通过使用红色、绿色和蓝色的不同值组合，我们可以获得所需的任何颜色！

当你使用鼠标旋转场景时，实际上是旋转了整个坐标系。

如果你的室友看到你盯着你的手指，只需解释说，你正在做非常技术性的事情。

`box` 类还有一个名为 `pos` 的属性，该属性保存盒子中心的位置。VPython 使用的坐标系称为“右手坐标系”：如果你握住右手并伸出拇指、食指和中指，使它们彼此垂直，并且手掌朝向你，食指朝上，x 轴的正方向是拇指，y 轴的正方向是食指，z 轴的正方向是中指。换句话说，在使用鼠标开始在显示窗口中旋转之前，水平轴是 x 轴，垂直轴是 y 轴，z 轴指向屏幕外，即指向你。

通过在代码中添加以下行来查看盒子的位置：

```
print(b.pos)
```

运行程序时，你会再次看到一个指示盒子位置的向量：

```
< 0, 0, 0 >
```

vector 类也称为线性代数吗？

我们曾提到，VPython 定义了自己的名为 `vector` 的类，而 `pos` 是这种类型的对象。漂亮！`box` 类是利用 `vector` 类定义的。在 `box` 类中使用 `vector` 类非常好！“好吧，”我们听到你勉强承认，“但是 `vector` 的意义是什么？为什么我们不能就使用元组或列表呢？”这就是原因：`vector` 类中定义了一些用于执行 `vector` 操作的方法。例如，`vector` 类有一个重载的加法运算符，用于将两个向量相加。如果将以下 3 行添加到代码中：

```
v = vector(1, 2, 3)
w = vector(10, 20, 30)
print(v + w)
```

下面是我们运行它时会看到的内容：

```
< 11, 22, 33 >
```

这个类还有许多其他向量运算。例如，norm 方法返回一个指向相同方向，但大小（长度）为 1 的向量。如果将下面的两行添加到代码中：

```
u = vector(1, 1, 0)
print(u.norm())
```

我们会看到以下结果：

```
< 0.707106781186547, 0.707106781186547, 0 >
```

尽管我们可以使用列表来表示向量，但是我们没有很好的方法让它们相加和归一化，以及执行向量喜欢做的其他各种事情。

查看 VPython 网站上丰富的其他向量运算集合，以便对你的 i 点积，对你的 t 叉积。更准确地说，对标量点积，对向量叉积！

现在，我们的目标是更改盒子的 position 向量以便移动它。我们可以做到这一点，比如说，像下面这样：

```
b.position = vector(0, 1, 2)
```

尽管我们总是可以创建一个盒子并在以后更改其属性，但在首次实例化盒子时设置盒子的属性，有时会很方便。box 类构造函数允许我们在构造时设置属性值，如下所示：

```
b = box(length = 0.5, width = 2.0, height = 1.5, color = vector(1.0, 0.0, 0.0))
```

我们未指定的任何属性，都将获得其默认值。例如，由于我们没有为 position 指定一个向量值，因此盒子的初始位置将是原点。

除了盒子外，VPython 还有许多其他形状类，包括球体、圆锥和圆柱等。尽管这些对象拥有自己的特定属性（例如，球体有半径），但所有 VPython 对象都共享一些有用的方法。这些方法其中之一名为 rotate（旋转）。毫不奇怪，这个方法旋转对象。让我们旋转起来吧！

尝试使用上面定义的盒子 b：

```
b.rotate(angle = pi/4)
```

我们要求 VPython 将盒子 b 旋转 π/4 弧度。默认情况下，旋转以弧度为单位，绕 x 轴进行。（我们很快会了解 VPython 如何在度和弧度之间转换。）

现在，我们将所有这些放在一起，编写一些简短的 VPython 程序，以增强我们的 3D 图形能力。首先，我们编写一个非常简短的程序，该程序可以永久旋转一个红色盒子：

```
GlowScript 2.7 VPython   # This goes on the first line of your file!
myBox = box(color = vector(1.0, 0.0, 0.0))
while True:
    # Slow down the animation to 60 frames per second.
    # Change the value to see the effect!
    rate(60)
    myBox.rotate(angle = pi/100)
```

请注意，我们尚未编写任何函数，我们只是在 Python 环境中输入代码。Python 对此没有意见，它只运行这段代码。不过，我们很快会利用 VPython 编写一些函数！

但是，请先看下面的程序。注意，虽然 Python 通常希望我们用 import random 来导入 random 包，但是 VPython 会自动导入它。因此，在这里使用 random()会返回一个 0~1 的随机数，我们将用来构造随机颜色。在运行该程序之前，请先弄清楚它在做什么。

```
GlowScript 2.7 VPython

boxList = []
for boxNumber in range(10):
    x = boxNumber
    y = boxNumber
    z = boxNumber
    red = random()
    green = random()
    blue = random()
    newBox = box(position = vector(x, y, z), color = vector(red, green, blue))
    boxList.append(newBox)

while True:
    rate(60)
    for myBox in boxList:
      myBox.rotate(angle=pi/100)
```

这太酷了！现在，我们有了一个对象列表，我们可以遍历该列表并旋转每个对象。

6.8 最后，机器人大战僵尸

现在该制作我们的视频游戏了！我们游戏的假设是，玩家将控制一个机器人，该机器人在僵尸所占据的盘片（大的扁圆柱）表面上移动。玩家用键盘控制机器人的方向。按向右和向左箭头键让玩家的机器人转向，按向上和向下箭头键将增加或减小玩家的机器人的速度。僵尸会自行移动，如果僵尸与玩家的机器人碰撞，僵尸的速度将加倍。如果玩家的机器人和僵尸进入游戏所在盘片的外围，它们都会自动转身。

首先，我们希望定义一个类，用于构造（实例化）玩家机器人，以及一个类，允许我们实例化僵尸。拥有一个僵尸类特别有意义，因为一个类允许我们实例化许多对象，而我们确实计划有许多僵尸！

实际上，玩家的机器人和僵尸有很多共同点。它们都是应该能够向前移动和转向的 3D 实体。由于这种共性，如果要分别完全定义一个机器人类和一个僵尸类，我们将付出很多努力。另一方面，这两个类不会完全相同，因为玩家的机器人看上去与僵尸不同（我们希望如此），并且因为机器人将由玩家控制，而僵尸自行移动。

我们将定义一个类（我们称为 robot），该类具有游戏中所有机器人（玩家的机器人或僵尸）应具备的所有属性。然后，我们定义一个 playerbot 类和 zombiebot 类，这两个类都继承了 robot 的所有属性和方法，并添加了使它们有所区别的特殊附加功能（例如，它们的外观）。

请注意，在普通的 Python 中，非继承类应写成 class robot(object)。但是，这在 VPython 中不起作用，你必须写成 class robot。

我们的 robot 类将具有一个构造方法，一个__init__方法，该方法接受的参数给出了机器人的初始位置、初始朝向（它指向的方向）及速度（当我们要求它前进时，每一步的大小）。下面是代码，我们将在后面进行剖析：

```
GlowScript 2.7 VPython

GROUNDRADIUS = 50
INITIALZOMBIES = 5

class robot:
    def __init__ (self, position = vector(0, 0, 0),
      heading = vector(0, 0, 1), speed = 0):
        self.base = position
        self.heading  =  vector(norm(heading))
        self.speed = speed
        self.parts = []

    def step(self):
        self.base = self.base + self.heading * self.speed
        for part in self.parts:
            part.pos = part.pos + self.heading * self.speed

    def turn(self, angle):
        theta = radians(angle)
        self.heading = rotate(self.heading, angle = theta,
          axis = vector(0, 1, 0))
        for part in self.parts:
            part.rotate(angle = theta, axis = vector(0, 1, 0),
              origin = self.base)
```

让我们从__init__方法开始，即所谓的构造方法。它包含 3 个参数：position（表示机器人初始位置的 VPython 向量对象）、heading（表示机器人最初指向的方向的向量）和 speed（表示机器人在每个更新步骤中移动的距离的数字）。这些参数的名称是任意的，我们可以给它们指定不同的名称。然后，机器人然后保存这些值，以便将来使用：

```
self.base = position
self.heading = vector(norm(heading))
self.speed = speed
```

请注意，变量 position 只是一个临时名称。将它保存在 self.base 中让机器人可以保留它，以备将来使用。我们也可以称为 self.position：

```
self.position = position
```

但在这里，我们有意将它命名为 self.base，只是为了说明输入变量的名称和保存在 self 中的变量不必具有相同的名称。

请注意这一行：

```
def __init__ (self, position = vector(0, 0, 0),
      heading = vector(0, 0, 1), speed = 0):
```

为这些参数提供“默认值”。这意味着，如果用户不为它们提供值，就将它们设置为这些值。（你可能还记得 box 类也具有默认参数。我们可以用 b = box()定义一个新 box 实例，在这种情况下我们将获得默认值，或者我们也可以为这些参数指定自己的值。）如果用户仅提供部分参数，Python 将假定它们是从左到右的一些参数。例如，如果我们键入：

```
myBot = robot(vector(1, 2, 3))
```

那么 Python 假设 vector(1, 2, 3)应该作为 position 参数，并且使用 heading 和 speed 的默认值。如果输入：

```
myBot = robot(vector(1, 2, 3), vector(0, 0, 1))
```

那么第一个向量作为 position 参数，第二个向量作为 heading 参数。如果我们想提供的值不符合从左到右的顺序，总是可以告诉 Python 我们指的是哪个值，如下所示：

```
mybot = robot(heading = vector(0, 1, 0))
```

那么 Python 将 heading 设置为给定值，并对其他参数使用默认值。

好的，默认值就讲这么多！然后，__init__方法设置其位置（self.base）、朝向（self.heading）、速度（self.speed）和部件（self.parts）属性。

利用向量类的 norm 方法，self.heading 被标准化为单位向量（长度为 1 的向量）。self.parts 列表将是构成机器人身体的 VPython 3D 对象（盒子、球等）的列表。由于玩家的机器人和僵尸的外观会有所不同，因此我们还没有将这些身体部件中的任何一个放入列表中。很快就会了！

请注意，机器人还有另外两种方法：step（步进）和 turn（转向）。step 方法让机器人的 self.base 向量加上机器人的 self.speed 乘以它的 self.heading 向量，从而改变了 self.base 向量。请注意，self.base 只是机器人自己的位置概念。我们还需要在物理上移动机器人身体的所有部件，这可以通过更改 self.parts 列表中每个 VPython 对象的 pos 向量来实现，同样是通过加上 self.speed 乘以 self.heading 向量来完成。

step 方法的 for 循环中发生了一些非常有趣而微妙的事情。注意，每个部件都应该是一个 VPython 对象，例如一个盒子、一个球体或其他东西。这些对象中的每个对象的位置在 for 循环体内都得到更新。这会使组成机器人各部件的每个对象以相同的方式移动，从而实际上移动了整个机器人！在 VPython 中还有其他方法可以做到这一点，但是我们特意选择了这种方法，以展示这一概念。

最后，turn 方法做的事非常类似。给定转向的角度，组成机器人部件列表的每个对象旋转相同的角度。请注意，部件列表中的每个对象都是 VPython 对象，因此具有自己的 rotate 方法。Python 在这里是说："嘿，弄清楚你是哪种对象，然后调用你的 rotate 方法来旋转自己。"因此，如果第一个部件是一个 box，那么它会调用 box 的 rotate 方法。如果下一个部件是一个 sphere，就会调用 sphere 的 rotate 方法。只要 self.parts 列表中的每个元素都有一个 rotate 方法，这一切都可以正常工作。幸运的是，所有 VPython 的形状确实有一个 rotate 方法。

我们也要很快地指出，下面一行

```
part.rotate(angle = theta, axis = vector(0, 1, 0),
  origin = self.base)
```

告诉部件围绕一个向量旋转角度 theta，该向量与 vector (0, 1, 0)（y 轴）方向一致，但从 self.base 给定的位置开始。在我们假设 y 轴向"上"的情况下，这实际上是绕着一条直线旋转了对象，该直线穿过机器人身体的中心，从"脚"到"头"。也就是说，它使机器人身体的各个部件以我们希望的方式旋转，而不是默认的旋转（绕 x 轴）。

接下来是整个工作中最神奇的部分！现在，我们定义 playerbot 和 zombiebot 类，它们都继承自 robot 类。它们继承了 robot 类的所有方法和属性，但是增加了特定于玩家的机器人或僵尸的组件。下面是代码，我们稍后将讨论：

请击鼓吧！

```
class playerbot(robot):
    def __init__ (self, position = vector(0, 0, 0),
      heading = vector(0, 0, 1), speed = 0.3):
        robot. __init__ (self, position, heading, speed)
        self.body = cylinder(pos = self.base + vector(0, 0.5, 0),
          axis = vector(0, 6, 0), radius = 1, color = color.red)
        self.head = box(pos = vector(0, 7, 0) + self.base, length = 2,
          width = 2, height = 2, color = color.green)
        self.nose = cone(pos = vector(0, 7, 1) + self.base,
          radius = 0.5, axis = vector(0, 0, 1), color = color.yellow)
        self.wheel1 = cylinder(pos = self.base + vector(1, 1, 0),
          axis = vector(0.5, 0, 0), radius = 1, color = color.blue)
        self.wheel2 = cylinder(pos = self.base + vector(-1, 1, 0),
          axis = vector(-0.5, 0, 0), radius = 1, color = color.blue)
        self.parts = [self.body, self.head, self.nose,
          self.wheel1, self.wheel2]

class zombiebot(robot):
    def __init__ (self, position = vector(0, 0, 0),
      heading = vector(0, 0, 1), speed = 0.5):
        robot. __init__ (self, position, heading, speed)
        self.body = cylinder(pos = self.base, axis = vector(0, 4, 0),
          radius = 1, color = color.green)
        self.arm1 = cylinder(pos = self.base + vector(0.6, 3, 0),
          axis = vector(0, 0, 2), radius = 0.3, color = color.yellow)
        self.arm2 = cylinder(pos = self.base + vector(-0.6, 3, 0),
          axis = vector(0, 0, 2), radius = 0.3, color = color.yellow)
        self.halo = ring(pos = self.base+vector(0, 5, 0),
          axis = vector(0, 1, 0), radius = 1, color = color.yellow)
        self.head = sphere(pos = self.base + vector(0, 4.5, 0),
```

```
            radius = 0.5, color = color.white)
        self.parts = [self.body, self.arm1, self.arm2, self.halo, self.head]
```

玩家的机器人的类定义从代码行 `class playerbot(robot)`开始。圆括号中的 `robot` 是对 Python 说:“该类继承自 `robot`。”换句话说,`playerbot` 是一种 `robot`。这意味着 `playerbot` 具有机器人的`__init__`、`step` 和 `turn` 方法。`robot` 类被称为 `playerbot` 的“超类”。类似地，`playerbot` 被称为 `robot` 的“子类”或“派生类”。这就是为什么当我们声明 `robot` 时，在圆括号中包含了 `object`。每个 Python 类都继承自名为 `object` 的内置类。

请注意,`playerbot` 具有其自己的`__init__`构造方法。假如我们没有定义这个`__init__`,那么每次我们构造一个 `playerbot` 对象时，Python 都会自动调用来自 `robot` 的`__init__`,因为 `playerbot` 派生自超类 `robot`。但是,由于我们已经为 `playerbot` 定义了一个`__init__`方法，因此在实例化 `playerbot` 对象时，将调用该方法。这并不是说 `robot` 的构造方法对我们没有用，而是我们也想做其他一些事情。具体来说，我们要用构成玩家的机器人的 VPython 形状，来填充身体部件列表 `self.parts`。

我们先让 `playerbot` 的`__init__`方法调用 `robot` 的`__init__`方法，做它能做的事情，从而事半功倍。这是通过 `robot.__init__(self, position, heading, speed)`来调用的。这是说：“我知道我是一个 `playerbot`，但这意味着我是一种 `robot`，因此，我可以调用任何一个 `robot` 方法来获得帮助。由于 `robot` 已经有一个`__init__`方法,可以执行一些有用操作,因此我将调用它，来设置我的 `position`、`heading` 和 `speed` 属性。”

调用 `robot` 的构造方法后，`playerbot` 构造方法继续做它自己的一些事。具体来说，它定义了一些 VPython 对象，并将它们放在身体部件列表 `parts` 中。你可能会注意到，所有这些身体部件都相对于 `playerbot` 的 `base` 进行了定位，`base` 就是我们定义的一个向量，可以追踪机器人的空间位置。

接下来，在 `zombiebot` 类中，我们再次利用继承，为僵尸定义一个类，从 `robot` 类继承。最后，下面是我们的“机器人大战僵尸”游戏的其余部分！

```
def  makeZombies(numZombies):
     zombies = []
     for i in range(numZombies):
         theta = 360 * random()
         r = GROUNDRADIUS * random()
         x = r * cos(theta)
         z = r * sin(theta)
         zom = zombiebot(position = vector(x, 0, z))
         zombies.append(zom)
     return zombies

scene.bind('keydown', process)      # Function for key presses
scene.autoscale = False             # Avoid changing the view automatically
scene.forward = vector(0, -3, -5)   # Choose a nice place to watch from
scene.range = 50                    # Make sure the playing field is   visible
running = True
```

```
def process(event):
    key = event.key                      # The key that was pressed
    if key == "right":
        player.turn(5)
    elif key == "left":
        player.turn(-5)
    elif key == "up":
        player.speed += 0.1
    elif key == "down":
        player.speed -= 0.1
    elif key in "Qq":
        global running
        running = False
    else:
        print("unrecognized key", key)
        return

ground = cylinder(pos = vector(0, -1, 0), axis = vector(0, 1, 0),
  radius = GROUNDRADIUS)
player = playerbot()
zombies = makeZombies(INITIALZOMBIES)

while running:
    rate(30)
    player.step()
    if mag(player.base) >= GROUNDRADIUS:
        player.turn(180)
    for zom in zombies:
        if mag(zom.base - player.base) < 2:
            zom.speed = zom.speed * 2
        zom.step()
        if mag(zom.base) >= GROUNDRADIUS:
            zom.turn(180 + random()*10-20)
```

让我们仔细来看这个游戏的每个部分。首先，函数 makeZombies 在游戏台面上的随机位置创建一个僵尸列表，并返回该列表。

scene.bind('keydown', process)这一行意思是，每当我们在键盘上按一个键时，暂停并运行一个名为 process 的函数。根据按键的不同，process 会让玩家的机器人转向，更改其速度，或将 running 设置为 False（以结束游戏）。

在 scene.bind('keydown', process)之后，我们设置了一些 VPython 选项，以保持视图稳定（scene.autoscale），将“眼睛”放在合适的位置（scene.forward），并缩放视野，以便能够看到游戏台面（scene.range）。最后，我们将变量 running 设置为 True，游戏将继续进行直到 running 变为 False。

接下来的几行定义了地面（游戏台面）、玩家的机器人和僵尸列表。最后，我们进入无限循环。如果玩家的机器人的 base 的大小（即，从玩家的机器人的 base 到游戏台面盘片中心的距离）大于该盘片的半径，那么我们调用玩家的机器人的 turn 方法，将它转向 180°，使得它不会脱离游戏台面的边缘。

在 for 循环中，我们遍历每个僵尸并计算它与玩家的机器人的距离。如果距离很近（我们选择了距离为 2），那么我们就假设玩家的机器人与该僵尸之间发生了碰撞，因此我们将僵尸的速度提高一倍。接下来，僵尸走了一步，如果它到达了游戏台面的边缘，我们将它转向 180°，并带有很小的随机扰动，以取得良好的效果。瞧！

你可能已经注意到，这款游戏并不太有趣。当僵尸遇到玩家的机器人时，它会加速，但没有其他事情发生。你可能希望考虑一些方法，让游戏更有趣。例如，当僵尸遇到玩家的机器人时，与其加快速度，不如让玩家的机器人飞向空中（尝试将它的 velocity 设置为(0, 1, 0)）。当然，还有很多种可能！

6.9 结论

这一切真的很酷，但是为什么面向对象编程如此重要呢？正如我们在 Rational 示例中看到的那样，面向对象编程有一个好处：它允许我们定义新的数据类型。你可能会争辩说："当然，但我可以将一个有理数表示为两个数据项的列表或元组。然后，我可以编写函数实现比较、加法等操作，而无须使用任何类这样的东西。"你完全正确，但随后你将向用户暴露很多令人讨厌的细节，而他们并不想知道这些细节。例如，用户将需要知道有理数表示为列表或元组，并且需要记住使用比较和加法函数的约定。面向对象编程的优点在于，所有这些令人讨厌的细节（从技术上讲，是"实现细节"）对用户都是隐藏的，从而在有理数的使用和实现之间提供了一个"抽象层"。

我认为"令人讨厌"是另一个技术术语！

抽象层？这是什么意思？设想你每次坐在汽车驾驶员座位上时，都必须完全理解发动机、变速箱、转向系统和电子设备的各个组成部分，才能操作汽车。幸运的是，汽车设计师为我们提供了一个很好的抽象层：方向盘、踏板和仪表板。现在，我们可以操作汽车，而不必考虑低层细节。我们无须担心转向系统使用的是齿条和小齿轮还是完全不同的东西。这正是类为我们提供的。类的内部运作安全地藏在"引擎盖下面"，在需要时可用，但不是关注的中心。该类的用户无须担心实现细节，他们只是使用类提供的便捷直观的方法。顺便说一下，你的类的用户通常是你自己！使用该类时，你也不希望被实现细节所困扰，而是希望在编程的那个时刻考虑更大、更好的事情。

面向对象设计是"模块化设计"的计算机科学版本，这种想法是工程师很久以前就提出的，并获得了巨大的成功。类是模块。它们封装了逻辑功能，使我们能够推理和使用该功能，而不必始终追踪程序的每个部分。而且，一旦我们设计了一个好的模块/类，就可以在许多不同的应用程序中复用它。

最后，在我们的机器人大战僵尸的游戏中，我们看到了继承的重要思想。一旦构造了一个类，我们就可以编写特殊的版本，这些版本继承“父类”或超类的所有方法和属性，但同时也添加了自己的独特功能。在大型软件系统中，可能会有一个既大又深的类“层次结构”：一个类派生出子类，而子类又具有自己的子类，依此类推。这种设计方法可以提高复用效率，而不是重写代码。

要点：类是面向对象的设计和程序的模块，为我们提供了一种抽象的方法，使我们可以专注于使用这些模块，而不必担心它们的工作方式的内部细节。而且，一旦有了一个好的模块，就可以在各种不同的程序中反复使用它。

关键术语

attributes：属性（Python 的术语，其他语言使用数据成员、属性、字段和实例变量）

class：类

constructor method：构造方法

data type：数据类型

default values (for arguments)：默认值（用于参数）

default values (for attributes)：默认值（用于属性）

hierarchy of classes：类的层次结构

inherit/ inheritance：继承

instantiate：实例化

layer of abstraction：抽象层

method：方法

modular design：模块化设计

numerical imprecision：数值不精确

object-oriented programming (OOP)：面向对象编程（OOP）

object：对象

overloading ：重载

reference：引用

right-handed coordinate system：右手坐标系

subclass (or derived class)：子类（或派生类）

superclass：超类

tuple：元组

vector class：向量类

VPython

练习

判断题

基于我们在本章中编写的 `Rational` 类进行判断。

1. 如果r1 = Rational(1, 2)，r2 = Rational(5, 10)，且r3 = Rational(1, 1)，则表达式r1 + r2 == r3求值为True。

2. 以下代码将输出数字1：

```
r1 = Rational(1, 2)
r2 = r1
r1.numerator = 42
print(r2.numerator)
```

3. 以下代码将返回True：

```
def test():
   r1 = Rational(1, 2)
   r2 = Rational(3, 4)
   r3 = Rational(1, 4)
   Rlist = [r1, r2, r3]
   sum = reduce(lambda x, y: x + y, Rlist)
   return sum >= Rational(3, 2)
```

填空题

1. __sub__(self, other)方法重载减法运算符，使得如果我们有两个有理数r1和r2，则r1 - r2将自动调用r1.__sub__(r2)。例如，如果我们有r1 = Rational(4, 5)，且r2 = Rational(1, 5)，则r1-r2应该返回等于3/5的新有理数。假设两个数字self和other具有相同的分母，请将下面__sub__方法填写完整：

```
__sub__(self, other):
     return Rational(______, ______)
```

2. 修改上一个问题中的__sub__函数，使得即使self和other具有不同的分母也可以使用。在任何情况下，返回的有理数都不必是最简的（也就是说，可以返回5/10之类的数字，而不是1/2）。

3. __neg__(self)方法重载取负运算符，使得如果我们有一个有理数r1，则-r1将自动调用r1. __neg__()。例如，如果我们有r1 = Rational(1, 2)，那么我们希望-r1返回值为-1/2的新有理数。请将下面__neg__方法填写完整：

```
__neg__ (self):
     Return Rational(______, ______)
```

讨论题

1. 类和对象之间有什么区别？

2. 构造方法__init__在类中的作用是什么？

3. 设想你和一个外星人一起坐电梯。外星人说："嘿，我听说你们地球人有种东西叫作面向对象编程。我已经知道如何用 Python 编程，但是没有那些面向对象的东西。与没有面向对象相比，使用面向对象的程序设计有什么好处？" 写一段电梯演讲稿，向外星人解释面向对象程序设计的一些主要优点。

4. 设想我们的有理数类 Rational 没有"相等方法"__eq__。现在，我们的外星朋友创建了两个有理数，并像这样测试它们是否相等：

```
>>> r1 = Rational(1, 2)
>>> r2 = Rational(1, 2)
>>> r1 == r2
False
```

外星人问你："为什么 Python 返回 False？1/2 等于 1/2！" 请给外星人一个简单明了的解释。

编程题

1. 在 Python 中，名为__mul__(self, other)的方法表示重载乘法运算符。例如，如果我们在有理数类 Rational 中正确定义了__mul__方法，那么下面代码将起作用：

```
r1 = Rational(4, 5)
r2 = Rational(1, 3)
r3 = r1 * r2  ← 这实际上是 r3 =  __mul__(r1, r2)
r3
4/15 ← 假定这是我们的__str__方法表示有理数的方式
```

a. 为有理数类 Rational 编写__mul__方法的代码。

b. 设想我们的有理数类 Rational 没有__str__（或__repr__）方法。现在我们的外星朋友键入

```
>>> r1
```

Python 显示了一些令人费解的话。简要说明为什么 Python 不显示 1/2。然后编写一个__str__方法，它将导致以下行为：

```
>>> r1
Lovely rational number! Numerator 1, Denominator 2
```

2. 下面是一个类，代表二维空间中的点。编写一个 distance 方法，该方法返回一个数字，对应于这两点之间距离。

```
class Point
def __init__ (self, x, y):
self.x = x
self.y = y
```

```
def distance(self, other):
""" Returns the distance between the points self and other """
```

3．我们注意到，Python 中的所有东西都是一个对象，包括列表！设想外星人的 Python 版本某种程度上不允许两个列表进行相等性比较。具体来说，虽然我们在地球上的 Python 版本会这样做：

```
>>> L1 = [1, 2, 3]
>>> L2 = [1, 2, 3]
>>> L1  == L2
True
```

但对于外星人的 Python 版本，比较 `L1` 和 `L2` 是否相等时，将返回 `False`。然而，假设你可以访问外星人的 Python 版本中的 `List` 类。请在外星人的 `List` 类中编写`__eq__`方法，以便进行相等性测试。你的工作是为`__eq__`方法编写代码。

```
class List:
def __eq__ (self, other):
""" Returns True if and only if self and other identical lists.   """
```

第 7 章　问题有多难

这是一种错误的认识：你可以解决任何重大问题，只要用土豆。

——Douglas Adams

7.1　永不结束的程序

你编写的程序可能没有按预期运行。在运行新程序方面，我们中的许多人有过特别令人沮丧的经历，观察到它似乎运行了很长时间而没有产生我们期望的输出。“嗯，它已经运行了将近一分钟。我应该停止该程序吗？或者，也许，因为我已经花了很多时间，所以应该再给程序一点时间，看看它是否会完成。”你自言自语道。又过了一分钟，你问自己是应该让它运行更长的时间还是现在就放弃。最终，你可能会认为该程序陷入了某种循环并且不会停止运行，因此你按 Ctrl-C 停止该程序。但是你想知道，该程序是否只差一点时间就能给出正确答案了。毕竟，问题可能实际上就是需要大量的计算时间。

这个问题的答案是“是的！当然，那就太好了！”

如果有某种方法可以检查你的程序最终是否停止，不是很好吗？

这样，如果你知道程序不会停止，就可以进行调试，而不用浪费时间看着程序运行。

实际上，也许我们甚至可以编写一个 Python 函数，称之为“停机检查器”，它以任何 Python 函数作为输入，并返回一个布尔值：如果输入函数最终停止，则返回 `True`，否则返回 `False`。在第 3 章中，函数可以将其他函数作为输入，因此，给假想的停机检查器函数提供另一个函数作为输入，这并没有什么奇怪的。但是，如果你对这个想法感到不太舒服，另一种选择是，我们将为停机检查器提供一个字符串作为输入，而该字符串包含我们要检查的 Python 函数的代码。然后，停机检查器将以某种方式确定该字符串中的函数是否最终停止。

例如，考虑以下字符串，我们将它命名为 `myProgram`：

```
myProgram = 'def foo(): \
      return foo()'
```

此字符串包含名为 `foo` 的函数的 Python 代码。显然，该函数将永远运行，因为该函数以递归方式调用自身，并且没有使它停止的基本情况。因此，如果我们要运行假设的 `haltChecker`

函数，则应返回 False：

```
>>> haltChecker(myProgram)
False
```

我们将如何编写这样的停机检查器？检查某些明显的问题很容易，例如上面示例中的 foo 程序中的问题。但是，似乎很难编写一个停机检查器，能够可靠地评估我们可能提供的任意程序。毕竟，有些程序非常复杂，带有各种递归、for 循环、while 循环等结构。编写这样的停机检查器程序有可能吗？实际上，在本章中，我们将证明无法在计算机上解决此问题。也就是说，不可能编写一个停机检查器来告诉我们任意其他程序是否最终会停止。

我们怎么能说这不可能呢？这似乎是不负责任的声明。毕竟，仅仅因为没有人成功编写这样的程序，不能让我们得出结论：这是不可能的。你的观点不错——我们同意！但是，真正编写停止检查器的任务是“不可能的”：它现在不存在，将来也永远不会存在。在本章中，我们将毫无疑问地证明这一点。

7.2 3种问题：容易、困难和不可能

计算机科学家对测量计算问题的“难度”感兴趣，以便了解解决方案需要多少时间（或内存，或其他宝贵资源）。时间通常是最宝贵的资源，因此我们想知道，解决一个给定的问题需要花费多少时间。粗略地说，根据解决问题所需的相对时间，我们可以将问题分为3类：容易、困难和不可能。

“容易”的问题是存在一个足够快的程序或算法的问题，我们可以在合理的时间内解决该问题。到目前为止，我们在本书中考虑的所有问题都是此类问题。我们在这里编写的程序都不需要花费数天或数年的时间来解决。这并不是说，对于计算机科学家来说，开发程序总是很容易。这里所说的容易并不是这个意思。我们的意思是，存在一种运行速度足够快的算法，可以在合理的时间内解决问题。你可能会问：“你说‘合理的’是什么意思？”这是一个合理的问题，我们稍后会再讨论。

回想一下，算法是一种计算方法。它比程序更通用，因为它不是特定于Python或任何其他语言的。但是，一个程序实现了一种算法。

作为对比，“困难”的问题是我们可以找到算法来解决它，但是我们可以找到的每种算法的速度都很慢，以至于该算法在实践中毫无用处。“不可能”的问题（就像我们在本章前面所说的）实际上就是那样的——绝对地、无可辩驳地不可能被解决，无论我们愿意让计算机在它们上面浪费多少时间！

7.2.1 容易的问题

请考虑这个问题：接受 n 个数字的列表，找到该列表中最小的数字。一种简单的算法就是查看列表，跟踪到目前为止所看到的最小数字。我们最终会查看列表中的每个数字一次，因此

查找最小数字所需的步骤数大约为 n。计算机科学家会说，该算法的运行时间“与 n 成正比”。

在第5章中，我们开发了一种名为选择排序的算法，用于按升序对列表元素进行排序。如果你不记得了，请不要担心。简而言之，下面是它的工作原理：假设我们在列表中有 n 个元素（简单起见，我们假定它们是数字），并且它们没有按特定的顺序给出，我们的目标是将它们从最小到最大排序。在第5章中，我们需要这种排序算法作为音乐推荐系统中的第一步。

选择排序算法是这样做的：首先查看列表，寻找最小的元素。正如我们刚才观察到的，这大约需要 n 步。现在，该算法知道了最小的元素，并简单地将列表中的第一个元素与列表中的最小元素交换，从而将该元素放在列表中的第一个位置。（当然，列表中的第一个元素可能是列表中的最小元素，在这种情况下，交换实际上不会执行任何操作。但是无论如何，我们可以保证列表中的第一个元素现在正是列表中的最小元素。）

在算法的下一阶段，我们要寻找列表中第二小的元素。换句话说，我们要寻找列表中除第一个位置的元素以外的最小元素，现在已知第一个元素是列表中绝对最小的元素。因此，我们可以从列表中的第二个元素开始遍历，第二个阶段将执行 $n-1$ 步。下一阶段将执行 $n-2$ 步，然后执行 $n-3$ 步，并一直下降到1。因此，此算法执行的步骤总数为 $n+(n-1)+(n-2)+\cdots+1$。该和中有 n 个项，每个项最多为 n。因此，总和肯定小于 n^2。事实表明，总和实际上为 $n(n+1)/2$，大约为 $n^2/2$，这不难证明。

你可能会听到计算机科学家说："运行时间是 n^2 的大 O，写为 $O(n^2)$。"这是我们这里谈论的内容在CS中的说法。

计算机科学家会说，该算法的运行时间“与 n^2 成正比”。这并不是说运行时间一定正好是 n^2，而是无论是 $\frac{1}{2}n^2$ 还是 $42n^2$，如果我们将运行时间绘制为 n 的函数，n^2 项决定了我们得到的曲线的形状。

再举一个例子，利用你在较早的数学课程中可能看到的方法，将两个 $n \times n$ 矩阵相乘，这个问题所花费的时间与 n^3 成正比。所有这3种算法（查找最小元素、排序和矩阵乘法）的运行时间均为 n^k 的形式，其中 k 是某个数字。我们看到，对于查找最小元素算法 $k=1$，对于选择排序算法 $k=2$，对于矩阵乘法算法 $k=3$。运行时间与 n^k 成正比的算法被称为在“多项式时间”内运行，因为 n^k 是 k 阶多项式。实际上，多项式时间是合理的时间量。尽管你可能会争辩说，用 n^{42} 步运行的算法没什么可夸耀的，但实际上使用多项式时间是因为我们对“合理”时间的定义是合理的，原因很快就会很明显。

7.2.2 困难的问题

现在想象一下，你是一名推销员，需要前往一系列城市，向潜在客户展示你的产品。好消息是每对城市之间都有直飞航班，每对城市之间都有直飞航班的费用。你的目标是从你的家乡城市开始，仅访问每个城市一次，然后以最低的总费用返回家中。例如，考虑图7.1所示的城市和航班费用，并假设你的起始城市是Aville。

解决这个问题有一个诱人的方法。首先，从你的家乡Aville出发，乘坐最便宜的航班，那是费用为 1 的到 Beesburg 的航班。接着，从 Beesburg 出发，你可以乘坐最便宜的航班飞往尚未访问的城市，在这种情况下是 Ceefield。然后，从 Ceefield 出发，乘坐最便宜的航班飞往尚未访问的城市。（请记住，该问题规定你只能飞往每个城市一次，大概是因为你很忙，并且你不想多次飞往任何城市，即使这样做可能会更便宜。）现在，你从 Ceefield 飞到 Deesdale，再从 Deesdale 飞到 Eetown。哦！现在，你不能两次飞往某个城市的限制意味着你被迫从 Eetown 飞往 Aville，费用为 42。这次城市旅行的总费用为 1 + 1 + 1 + 1 + 42 = 46。这种方法称为“贪心算法”，因为它在每一步都试图做当前最好的事情，而不考虑该决定的长期影响。这个贪心算法在这里效果不佳。例如，从 Aville 到 Beesburg 再到 Deesdale 再到 Eetown 再到 Ceefield 再到 Aville 的解要好得多，总费用为 1 + 2 + 1 + 2 + 3 = 9。总的来说，贪心算法虽然速度很快，但往往找不到最佳解，甚至是相当好的解。

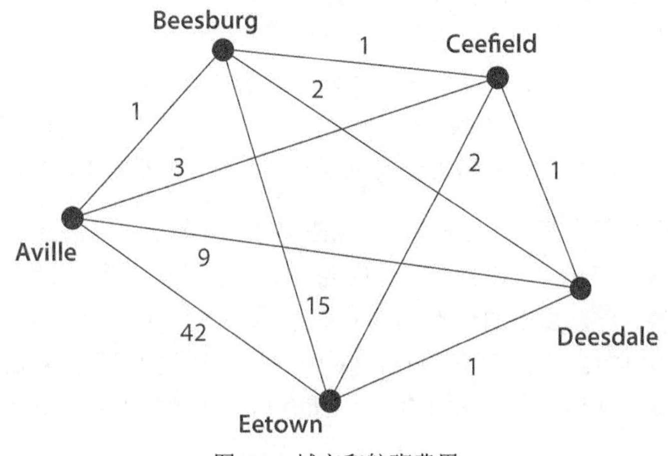

图 7.1 城市和航班费用

事实证明，为旅行推销员问题找到最佳路线非常困难。当然，我们可以简单地枚举出每条可能的不同路线，评估每条路线的费用，然后找到费用最低的路线。如果要在有 n 个城市的情况下采用这种方法，我们必须探索多少条不同的路线？

请注意，第一个要访问的城市有 $n-1$ 个选择。从那里开始，下一个城市有 $n-2$ 个选择，然后第三个城市有 $n-3$ 个选择，依此类推。因此，总共有$(n-1) \times (n-2) \times (n-3) \times \cdots \times 1$ 个选择。该乘积称为“$n-1$ 的阶乘”，表示为$(n-1)!$。感叹号是合适的，因为该数量增长非常快。虽然 5!不大，只有 120，但 10!超过 300 万，而 15!超过一万亿。计算机速度很快，但即使是最快的计算机，要检查一万亿条不同的路线也要花费很长时间。

表 7.1 展示了与 n、n^2、n^3 和 n^5 等多项式算法相比，像 $n!$这样的算法有多糟糕。在该表中，我们设想有一台能够每秒执行 10 亿次“操作”的计算机，这样，以正比于 n 的时间在列表中寻找最小元素的算法，就可以在 1s 内从 10 亿个元素中找到最小值。我们非常慷慨地假设，这台计算机还可以在 1s 内枚举 10 亿个旅行推销员的行程，但这只会让我们更坚决地反对旅行推销员行程的蛮力枚举！

简单起见，这里我们用了 $n!$而不是$(n-1)!$。它们仅相差 n 倍，这在问题的巨大方案数中可以忽略不计。

表 7.1 在每秒能够执行 10 亿次“操作”的计算机上，使用运行时间不同的算法来解决各种规模问题的时间。除非另有说明，否则时间以秒为单位

	n 的大小			
运行时间	10	20	30	40
n	0.00000001	0.00000002	0.00000003	0.00000004
n^2	0.00000010	0.00000040	0.00000090	0.00000160
n^3	0.00000100	0.00000800	0.00002700	0.00006400
n^5	0.00010000	0.00320000	0.02430000	0.10240000
$n!$	0.036	77.1 年	8400 万亿年	2.5×10^{31} 年

哎呀！$n!$显然非常糟糕！也许有人会相信，几年后，当计算机变得越来越快时，这将不再是问题。可悲的是，像$n!$这样的算法增长速度如此之快，以致于计算机速度提高 10 倍、100 倍或 1000 倍，对我们的影响都很小。例如，在目前每秒执行 10 亿次操作的计算机上，如果要解决规模为 30 的问题，我们的$n!$算法需要 8400 万亿年，而在速度快 1000 倍的计算机上，则需要 8.4 万亿年。这不是什么好消息！

那十分惊人！

旅行推销员问题只是众多问题中的一个，这些问题存在算法，但速度太慢而无法使用——无论将来计算机有多快。实际上，旅行推销员问题属于一个（或一类）“NP 难的”问题。没有人知道如何有效地解决这些问题中的任何一个（有效是说，对于任何常数 k，在像 n 或 n^2 或 n^k 这样的多项式时间内）。而且，这些问题都具有以下特征：如果可以有效地（在多项式时间内）解决其中任何一个问题，那么（令人吃惊的是），所有这些问题都可以有效地解决。

打个比方，我们可以将 NP 难的问题看成一个由非常大的多米诺骨牌组成的巨大圈子，其中一个多米诺骨牌表示旅行推销员问题，其他表示所有别的 NP 难的问题。我们不知道如何将这些多米诺骨牌击倒（即如何有效地解决它们），但我们确实知道，如果击倒其中任何一个，其余所有多米诺骨牌都会倒下（通过有效算法来解决）。

不幸的是，许多重要而有趣的问题都是 NP 难的问题。例如，确定蛋白质如何在 3 个维度上折叠的问题是 NP 难的。这确实很不幸，因为如果我们可以预测蛋白质的折叠方式，就可以利用这些信息来设计更好的药物，与多种疾病做斗争。再举一个例子，假设我们有许多不同大小的物品要包装到给定尺寸的运输容器中。应该如何将物品包装到运输容器中，从而减少使用的容器数量？这个问题也是 NP 难的问题。许多游戏和谜题也是 NP 难的。例如，确定大型数独谜题是否可解是 NP 难的问题，解决 Minesweeper 游戏相关的问题和许多其他问题也是。

好消息是，问题是 NP 难的，但这并不意味着我们找不到相当好的解（虽然可能不是最佳解）。计算机科学家致力于制定解决 NP 难的问题的各种策略。一种策略是所谓的“近似算法”。近似算法是一种（在多项式时间内）快速运行的算法，并且找到的解可以保证在最佳解的一定百分比之内。

例如，对于某些类型的旅行推销员问题，我们可以快速找到一个解，可以保证不超过最佳解的 50%。你很可能会问：“当你无法有效地找到最佳解时，如何保证解不超过最佳解的 50%？”

这确实令人惊讶，而且看起来很神奇，但是实际上可以做出这样的保证。

这是对另一门课程的“无耻”推销，如果以前有过这种事！

在计算机科学算法课程中经常研究这个主题。

还有许多其他算法可以解决 NP 难的问题。一种算法被称为“启发式”设计。启发式算法本质上是解决问题的“经验法则”。例如，对于旅行推销员问题，你可以使用我们前面提到的“贪心”启发式算法，首先访问你可以乘坐最便宜的航班到达的城市。从那里，前往你尚未去过的有最便宜的航班的城市。继续这种方式，直到你访问过每个城市一次，然后飞回家。这是一条简单的规则，通常会找到合理的解，尽管有时效果会很差，如我们先前所见。与近似算法不同，启发式算法并不能保证其效果。还有许多其他算法可以解决 NP 难的问题，这是计算机科学领域的活跃研究领域。关于解决 NP 难的问题，有一个例子，是有趣的、生物学启发的技术，具体见下文。

遗传算法：一种生物学启发的技术来解决 NP 难的问题

解决 NP 难的问题的一种技术，是从生物学中启发的。这个想法是利用对问题的一系列可能的解来模拟进化，从而使相当好的解得到进化。回到我们的旅行推销员示例，我们用城市的第一个字母来称呼图 7.1 中的城市：A、B、C、D 和 E。我们可以用这些字母的某种顺序的序列，来表示旅行的顺序。该序列从 A 开始，并且每个字母只出现一次。例如，从 Aville 到 Beesburg 到 Deesdale 到 Eetown 到 Ceefield 再回到 Aville 的旅行，表示为序列 ABDEC。请注意，我们没有在结尾处添加 A，因为在结尾处返回 A 是隐含的。

现在，让我们想象一下一些顺序的集合，例如 ABDEC、ADBCE、AECDB 和 AEBDC。让我们将每个这样的顺序视为一个“有机体”，并将这些顺序的集合视为一个“种群”。进一步研究这种生物隐喻，我们可以简单地计算以给定顺序在这些城市之间飞行的费用，从而评估每种“有机体/顺序”的“适应性”。

现在，我们将这一想法再推进一步。我们从大量的有机体/顺序的种群开始。我们评估每种有机体/顺序的适应性。现在，部分最适应的有机体“交配”，从而产生了新的“子代”顺序，每个子代都有其“父代”的某些属性。我们现在为下一代构建此类子代的新种群。希望下一代会更适应——平均而言，它会包含更便宜的路线。我们将这一过程重复进行数代，跟踪发现的最适应的有机体（费用最低的旅行），并在最后报告这个结果。

“这是一个好的主意，”我们听到你说，“但是，让旅行推销员的顺序‘交配’到底是怎么回事呢？”这是一个好问题，很高兴你能提出来！我们可以通过多种可能的方式，来定义两个亲代顺序产生一个子代顺序的过程。为了举例说明，我们将描述一种非常简单（而不是非常复杂）的方法，因为人们提出了更好的方法并用于实践。

设想我们从当前的种群中选择两个亲代顺序进行繁殖（假设任意两个顺序都可以交配）：ABDEC 和 ACDEB。我们选择某个点，将第一个亲代顺序分成两部分，例如 ABD|EC。子代顺序从该亲代那里得到 ABD。其余两个要访问的城市是 E 和 C。为了在这个子代中获得第二个亲代的“基因组”，我们将 E 和 C 按照它们在第二个亲代中的顺序排列。在我们的例子中，第二个亲代是 ACDEB，C 出现在 E 之前，因此子代是 ABDCE。

让我们再举一个例子。我们也可以选择 ACDEB 作为拆分的亲代，例如，将它拆分为 AC|DEB。现在，我们从该亲代那里得到 AC。在另一个亲代 ABDEC 中，其余城市 DEB 的顺序为 BDE，因此子代将是 ACBDE。

总之，“遗传算法”是一种计算技术，可以有效地模拟自然选择的进化过程。通过将候选解想象为隐喻的有机体，并将这些有机体的集合想象为种群，该技术让我们能够找到 NP 难的问题的优秀解。种群通常不会包括所有可能的“有机体”，因为通常这太多了！作为替代，该种群仅包含相对较小的有机体样本，并且该种群随着时间的推移而进化，直到我们获得（希望如此！）非常适合我们问题的有机体（即非常好的解）。

7.2.3 不可能的问题

到目前为止，我们已经讨论了“容易”的问题（可以在多项式时间内解决的问题）和“困难”的问题（可以解决，但似乎需要不切实际的大量时间才能解决）。现在，我们转向根本无法解决的问题，无论我们愿意花多少时间。

首先我们要证明，不可能的问题是存在的。从本质上讲，我们将证明计算问题的数量比不同程序的数量大得多，从而证明这一点。因此，必定存在一些问题，无法编程解决。这是一个奇怪而漂亮的想法。这个想法很奇怪，因为它最终让我们能够证明存在程序无法解决的问题，但实际上并没有告诉我们这些问题是什么！这就是数学家所说的存在性证明：我们证明存在某些东西（在这种情况下是不可计算的问题），但没有实际确定具体的例子！这个想法也很漂亮，因为它使用了不同大小的无穷的概念。简而言之，事实证明我们可以编写无穷数量的不同程序，但是存在“更大”的无穷的不同计算问题。“更大的无穷？”我们听到你在惊呼，“你的教授们完全失去了理智吗？”也许，但在这里没有。我们开始探索不同大小的无穷的冒险吧。

更大的无穷？听起来像我的 CS 作业清单！

7.2.3.1 小无穷

抱歉，你不得不想象小无穷。毕竟，如果我们真将软糖给你，你可能会吃掉它们。

想象一下，我们给了你 3 颗软糖。当然，你擅长计数，你立即意识到你有 3 颗软糖，但是请稍等一下，让我们以另一种方式来看待这件事。你有 3 颗软糖，因为你可以将软糖与一组计数数字{1，2，3}匹配。数学家会说，在你的 3 颗软糖与一组计数数字{1，2，3}之间，存在“双射”（或完全匹配）。

更准确地说，双射是一个集合（例如，我们的软糖集）中的元素与另一个集合（例如，我们的数字{1，2，3}）中元素的匹配，使得第一个集合中的每个元素都匹配到第二个集合中的“不同”元素，第二个集合中的每个元素都与第一个集合中的某个元素匹配。换句话说，双射是两个集合之间元素的完美匹配。我们说，如果两个集合之间存在双射，则它们具有相同的“基数”（或大小）。

这似乎很明显，而且有点过于卖弄学问。但是，从这里开始变得有趣了！一旦我们接受了存在双射的两个集合之间的基数相同，很自然就会看看，当两个集合是无穷集时会发生什么。例如，考虑计数数字集合{1，2，3，4，…}和偶数计数数字集合{2，4，6，8，…}。两个集合显然都是无穷集。此外，似乎计数数字集合大约是偶数计数数字集合的两倍。但奇怪的是，这两个集合具有相同的基数：我们可以在两者之间建立双射（完美匹配），如表 7.2 所示。

请注意，这里的映射将每个计数数字 x 与偶数计数数字 $2x$ 关联。让我们看看它是不是真的双射。每个计数数字都与一个独特的偶数计数数字相关联吗？是的，因为任何两个不同的计数数字都匹配到两个不同的偶数计数数字。每个偶数计数数字都以这种方式与某个计数数字匹配吗？是的，因为任何偶数计数数字 y 都与计数数字 $y/2$ 相匹配。因此，很奇怪，这两个集合具有相同的基数！

表 7.2　计数数字和偶数计数数字集合之间的双射

计数数字集合	偶数计数数字集合
1	2
2	4
3	6
⋮	⋮
42	84
⋮	⋮

通过类似的论证，所有整数的集合（计数数字、计数数字的负数和 0）也与计数数字集合存在双射，因此这两个集合的大小也相同。令人惊讶的是，即使是所有有理数的集合（形式为 p/q 的数字，其中 p 和 q 是整数）也与计数数字集合存在双射。确实很奇怪，因为从表面上看，似乎有理数比计数数字多得多。但这就是无穷的事实！

7.2.3.2　较大的无穷

与计数数字集合具有相同基数的任何集合都被称为“可数无穷”。因此，如上所述，偶数计数数字的集合、整数的集合和所有有理数的集合都是可数无穷。如果是这样，难道不是所有无穷集合都是可数无穷？令人惊讶的是，答案是“不”！

这个故事始于19世纪末期的德国。杰出的数学家Georg Cantor提出了一个漂亮的论证，证明实数集（包括有理数和无理数的所有数集）比计数数字集包含较大的无穷多个元素。

Cantor的证明让当时的许多数学家感到非常不舒服，事实上，许多人因他的奇怪证明而公开谴责Cantor。Cantor的证明不仅坚如“磐石”，而且还是现代数学中最重要的结果之一。此外，我们很快就会看到，这是证明存在不可计算问题的基础。

Cantor的证明是基于“反证法”。（请参见有关“反证法”的补充说明。）该方法是假设某事物为真（例如，实数集是可数无穷的），并从它导出矛盾（例如，1 = 2或明显错误的结果）。因此，我们不得不得出结论，初始假设（例如，实数集是可数无穷的）必定是错误的（因为如果我们假设它是正确的，就会导致我们得出肯定错误的结论）。

反证法快速入门

如果你以前还没有看到过反证法，那么让我们简短地用一个著名的数学结果来说明它，这可以追溯到古希腊时代。

希腊人想知道所有数字是否都是有理数，也就是说，每个数字是否都可以表示为两个整数之比，例如12、–37等。根据传说，麦塔蓬图姆的Hippasus of Metapontum大约在公元前5世纪发现$\sqrt{2}$不是有理数，即无法将它写成两个整数之比。同样根据传说，古希腊人将此结果视为官方机密，而Hippasus of Metapontum在泄露该机密时被谋杀。

下面是证明。假设$\sqrt{2}$是有理数，那么可以将它写为两个整数之比p/q。每个分数都可以用最简分数来写（即消除公因数），因此我们假设p/q是最简分数。这意味着p和q不能都是偶数，因为如果它们都是偶数，那么我们在将它变成最简分数时，会让p和q都除以2。

好的，所以现在$\sqrt{2}=p/q$。我们将两边平方，得到$2=p^2/q^2$，然后我们将两边乘以q^2得到$2q^2=p^2$。由于$2q^2$是偶数，这意味着p^2是偶数。如果p^2是偶数，则显然p必定是偶数（因为奇数的平方始终是奇数！）。由于p为偶数，因此将它重写为$p=2l$，其中l也是整数。所以现在$2q^2=p^2=(2l)^2=4l^2$。由于$2q^2=4l^2$，我们可以将两边除以2，得到$q^2=2l^2$。啊哈！所以q^2是偶数，因此q是偶数！但是，如果q是偶数，这会产生矛盾，因为当我们写下$\sqrt{2}=p/q$时，规定p/q是最简分数，因此p和q不能都为偶数。

我们刚刚证明，如果$\sqrt{2}=p/q$是最简分数，则p和q都必定是偶数，因此p/q并非最简分数。这就像是在说，如果在下雨，那么没有下雨。在这种情况下，不可能在下雨！同理，在我们的例子中，$\sqrt{2}$不可能写成两个整数之比。

简而言之，通过反证法证明某件事是错误的，首先要假设它是正确的，然后推论出荒谬的（即错误的）结果。这迫使我们得出结论，我们的假设是错误的，从而证明我们想要的结论！

Cantor 不仅证明了实数不是可数无穷的，而且即使是 0～1 的一组实数，也是不可数无穷的！他的证明是这样的：假设 0～1 的实数集是可数无穷的，（请注意，他是通过反证法来证明的。他希望最终从这个假设得出荒谬的结果，从而迫使我们得出结论，该假设是错误的！）然后，在计数数字集合与 0～1 的实数集之间，必定存在双射，即完美匹配。我们不知道这个双射是什么样子，但是它需要将每个计数数字与 0～1 的不同实数进行匹配。0～1 的实数可以表示为一个小数点后面跟着无数个数字。例如，数字 0.5 可以表示为 0.5000⋯，数字 1/3 可以表示为 0.333⋯，π 可以表示为 0.141592654⋯。因此，计数数字与 0～1 的实数之间的双射可以由类似下面的表 7.3 的某种关系表示。我们之所以说“某种关系”，是因为我们不知道计数数字和实数之间的实际关联是什么，除了它一定是双射的事实。因此，我们必须将一个不同的实数与每个计数数字相关联，并且每个实数都必须出现在列表右侧中的某个位置。

表 7.3　计数数字与 0～1 的实数之间的一种尝试双射

计数数字	实数
1	0.500000 ⋯
2	0.333333 ⋯
3	0.141592 ⋯
⋮	⋮
42	0.71828 ⋯
⋮	⋮

现在 Cantor 说：“既然你已经给出了双射，我将查看这个双射，并突出显示与计数数字 1 匹配的实数的第一个数字，与计数数字 2 匹配的实数的第二个数字，与计数数字 3 匹配的实数的第三个数字，依此类推，一直到列表的最下方。”在表 7.4 中，这会沿着用黑体表示的实数列表的对角线向下。

表 7.4　在 Cantor 的对角线过程中将要更改的实数位

计数数字	实数
1	0.**5**0000 ⋯
2	0.3**3**3333 ⋯
3	0.14**1**592 ⋯
⋮	⋮
42	0.71828 ⋯
⋮	⋮

“现在，”Cantor 说，“请注意！我要写下一个新的数字，如下所示：我的新数字不同于与计数数字 1 匹配的实数，因为它的第一位数字增加了 1（此处

从5变为6)；同样，我的新数字不同于与计数数字2匹配的实数，因为它的第二位数字增加了1（此处从3变为4)；我的新数字不同于与计数数字3匹配的实数，方法是将其第三位数增加1（此处从1变为2)，依此类推。一般来说，对于任意计数数字 n，请查看双射中与 n 匹配的实数。我的数字与该实数在第 n 位数字上不同。例如，对于表7.4中开始的假设双射，我构造的实数将以0.642开头。”

你可能会问：“那个数字有什么用？”Cantor说：“好吧，你向我保证过，在计数数字和0~1的实数之间有一个双射，而我刚刚构造的那个实数肯定为0~1。我构造的数字在你的双射中必定与某个计数数字匹配。它在哪里？”

Cantor说得很有道理。它在哪里？你可能会争辩说：“耐心一点，它与该列表中后面的一些非常大的计数数字匹配。”但是，如果是这样，你必须能够告诉Cantor什么是计数数字。也许Cantor的新数字与计数数字 10^9 匹配。但是，在这种情况下，根据Cantor构造新数字的方式，它会与该数字在第十亿位数上不同。这是一个问题，因为我们断言计数数字与0~1的实数之间有一个双射，因此该范围内的每个实数（包括Cantor的新数）都必须出现在那个双射中。

结论是,无论我们试图在计数数字和0~1的实数之间建立什么双射,Cantor始终可以用他的“对角线化方法”(沿对角线更改数字）来证明我们的推定匹配不是双射。换句话说，在计数数字与0~1的实数之间不存在双射，因此我们证明了实数不是可数的无穷！

一个细节：我们的律师建议我们在这里再说一件事。请注意，当我们使用无穷小数扩展时，某些实数具有两种不同的表示形式。例如，0.3与0.2999…相同。十进制扩展数最终具有连续无数个9的每个实数，都可以通过更改这些9之前的一个数字，然后将所有9替换为0来表示。因此，Cantor在对角线化证明中的新数字实际上可能与表7.4中的所有数字没有什么不同，只是看起来有所不同，因为它具有不同的表示形式。

解决此问题的方法是，在我们可以选择时，始终使用数字的“更精细”表示形式：即永远不要使用具有连续无数个9的表示形式。毕竟，这只是表示数字的问题，我们总是可以用另一种形式来表示包含连续无数个9的数字！现在，当Cantor对角线化时，他必须小心，不要构造具有连续无数个9的数字，因为我们决定避免这种表示。一个简单的解决方案是让Cantor避免在自己构造的新数字中写上数字9。如果他要更改表中实数之一中的数字8，不是将它更改为9（这可能导致9的无穷序列)，而是将它更改为8或9以外的任何数字。这仍然给出他所寻求的矛盾，并避免了我们的律师一直担心的法律纠纷。

我想知道他们为此向我们收费多少？

7.2.3.3 不可计算的函数

我们刚刚看到，0～1 的实数集是如此之大，以至于其元素无法与计数数字完美匹配。但是，这与计算机科学有什么关系？

我们的目标是证明，存在任何程序都无法解决的问题。我们将使用 Cantor 的对角线化方法做到这一点。下面是计划：首先，我们将证明所有程序的集合是可数无穷的——也就是说，计数数字与你喜欢的语言的所有程序的集合之间存在双射。

在官方编程语言中，你最喜欢的编程语言是 Python，但这对于任何编程语言都同样适用。

然后，我们将证明问题集与计数数字之间没有双射（这是更大的无穷集），因此程序与问题之间没有匹配。

让我们从程序集开始。毕竟，程序不过是一串符号，我们将其解释为指令序列。我们将按字母顺序列出所有可能的字符串（从短到长），每次列出一个字符串时，我们都会检查它是否是有效的 Python 程序。如果是的话，我们会将它与下一个可用的计数数字进行匹配。

标准计算机符号集中使用了 256 个不同的符号，因此我们首先列出长度为 1 的 256 个字符串。它们都不是有效的 Python 程序。然后我们继续，生成 256 × 256 个长度为 2 的字符串。这些也都不是有效的 Python 程序。继续这个过程，我们最终将遇到一个有效的 Python 程序，并将它与计数数字 1 匹配。然后，我们将继续，寻找下一个有效的 Python 程序。该程序将与计数数字 2 相匹配，依此类推。

尽管此过程很艰苦，但它的确表明我们可以在计数数字和 Python 程序之间找到双射。每个 Python 程序最终都将以这种方式生成，因此它将与某个计数数字匹配。在计数数字集合和 Python 程序集合之间存在双射。因此，Python 程序的集合是可数无穷的。

现在，我们来计算问题的数量。问题的问题在于，它们的种类太多了！为了让我们的工作更轻松，我们将注意力集中在一种特殊的问题上。在该问题中，我们以一个计数数字作为输入，并返回一个布尔值：`True` 或 `False`。例如，考虑确定给定计数数字是否为奇数的问题。也就是说，我们想要一个名为 `odd` 的函数，该函数以任意计数数字作为输入，如果它是奇数，则返回 `True`，否则返回 `False`。这用 Python 来写是一个简单的函数。下面就是：

```
def odd(X):
        return X % 2 == 1
```

以任意计数数字作为输入并返回布尔值的函数称为“计数谓词”。为了处理这种特殊类型的问题，将这些计数谓词表示为 `T`（对应于 `True`）和 `F`（对应于 `False`）符号的无穷字符串是很方便的。我们在上面依次列出对该计数谓词的所有可能输入，对于每个这样的输入，如果该计数谓词对该输入应返回 `True`，就放上一个 `T`，否则放上一个 `F`。例如，`odd` 计数谓词将如表 7.5 所示。

表 7.5 将 odd 计数谓词表示为 T 和 F 符号的无穷列表，每个符号对应该计数谓词的一种可能输入

计数谓词的输入									
1	**2**	**3**	**4**	**5**	**6**	**7**	**…**	**42**	**…**
T	F	T	F	T	F	T	…	F	…

在表 7.6 中可以看到更多计数谓词的例子。第一个是用于确定其输入是不是奇数的计数谓词。下一个计数谓词用于确定其输入是不是偶数，下一个用于确定是不是素数，依此类推。巧的是，所有这些计数谓词都具有相对简单的 Python 函数。

表 7.6 一些示例计数谓词，以及它们对于小的非负整数的返回值

	计数谓词的输入									
计数谓词名称	**1**	**2**	**3**	**4**	**5**	**6**	**7**	**…**	**42**	**…**
odd	T	F	T	F	T	F	T	…	F	…
even	F	T	F	T	F	T	F	…	T	…
prime	F	T	T	F	T	F	T	…	F	…
true	T	T	T	T	T	T	T	…	T	…
forty-two	F	F	F	F	F	F	F	…	T	…

现在假设你声称在计数数字和计数谓词之间有一个双射。也就是说，你有一个列表，据称可以将计数数字与计数谓词完全匹配。这样的双射可能看起来像表 7.7 那样。在该表中，每一行在左侧显示一个计数数字，而与每个计数数字匹配的计数谓词在右侧。在这个例子中，计数数字 1 与奇数（odd）计数谓词匹配，计数数字 2 与偶数（even）计数谓词匹配，等等。然而，这仅仅是一个例子！我们的计划是证明，无论我们如何努力尝试将计数数字与计数谓词匹配，都必然会失败。

Cantor 再次出现，挫败了你的计划。“啊哈！”他说。“我可以对你的计数谓词进行对角线化，并创建一个不在你的列表中的计数谓词！”而且通过定义一个计数谓词，该计数谓词返回的值与你列出的所有值不同，他肯定足以做到这一点。

Cantor 如何做到这一点？对于与计数数字 1 匹配的计数谓词，他确保如果该计数谓词对计数数字 1 说 T，那么他的计数谓词对计数数字 1 说 F（如果该计数谓词对计数数字 1 说 F，那么他的计数谓词对计数数字 1 说 T）。因此，他的计数谓词肯定不同于与计数数字 1 匹配的计数谓词。接下来，确保他的计数谓词对输入 2 的结果与计数数字 2 匹配的计数谓词相反，从而与计数数字 2 匹配的计数谓词不同，这样沿着对角线向下！通过这种方式，他的新计数谓词就不同于列表中的每个计数谓词。表 7.7 说明了这个对角线化过程。

Cantor 已经证明，至少有一个计数谓词不在你的列表中。因此，计数谓词必定不是可数无穷的，与实数一样。

表 7.7　计数数字与计数谓词的一种尝试双射。对计数谓词进行 Cantor 对角线化，构造一个不在此列表中的计数谓词

	计数谓词的输入									
计数数字	**1**	**2**	**3**	**4**	**5**	**6**	**7**	…	**42**	…
1	**T**	F	T	F	T	F	T	…	F	…
2	F	**T**	F	T	F	T	F	…	T	…
3	F	F	**F**	T	F	T	F	…	F	…
4	T	T	T	**T**	T	T	T	…	T	…
5	F	F	F	F	**F**	F	F	…	F	…
⋮	⋮	⋮	⋮	⋮	⋮	⋮				
Cantor	F	F	T	F	T	…				

我们在这里证明了什么？我们已经证明，计数谓词比计数数字更多。而且，我们前面已经证明，程序的数量等于计数数字的数量。因此，计数谓词多于程序，因此必定有一些计数谓词不存在程序。换句话说，我们证明了存在一些不可计算的问题。

7.3　停机问题：不可计算的问题

在上一节中，我们证明了存在任何程序都无法计算的函数。该论证的要点在于：问题多于程序，因此必然存在一些问题没有相应的程序。这是令人惊讶和惊奇的，但如果看到一个程序无法解决的实际问题的例子就好了。这正是我们在本节中要做的事！

首先，请注意，尽管大多数大型程序都是由多个函数组成的，但单个函数仍然是一个程序。因此，简单起见，我们在这里讨论的程序只是单个函数。我们将替换使用“程序”和“函数”这两个词，但请记住，我们在这里考虑的程序只是单个函数。

在本章开始时，我们注意到拥有一个停机检查器函数非常有用，该函数可以以任意 Python 函数（例如我们正在做的课后作业的函数）作为输入，并确定我们的输入函数是否最终会停止。如果答案为“否”，这将告诉我们函数可能存在错误。

为了让事情变得更现实和有趣，我们注意到我们的课后作业的函数通常需要一些输入。例如，下面是我们为课后作业写的函数。（正是这个课后作业问题的目标，现在让我们自由了！）

```
def homework1 (X):
        if X == "spam":  return homework1(X)
        else: return "That was not spam!"
```

请注意，如果输入的内容是'spam'，那么此函数将永远运行，否则它将停止（返回字符串并完成）。设想我们现在想要一个名为haltChecker的函数，它接受两个输入：一个包含程序（即一个函数）的字符串P，以及一个包含我们想要提供给该程序的输入的字符串S。如果程序P在输入字符串S上运行最终会终止，则haltChecker返回True，否则返回False。

我们真的很想要这个停机检查器。我们在互联网上搜索并找到一个待售的停机检查器！广告内容如下："嗨，程序员！你是否编写了似乎会永远运行的程序，而你知道它们应该停止？不要浪费你的宝贵时间让程序永远运行！我们新的停机检查器以任意程序P和任意字符串S作为输入，并返回True或False，表明程序P在输入字符串S上运行时是否会停止。它的价格仅为99.95美元，并附赠精美的人造革礼品盒！"

显然，你可以在互联网上买到任何东西！

"别浪费你的钱！"我们的一位朋友建议，"我们可以就程序P在字符串S上运行，并观察会发生什么，从而自己编写停机检查器。"这很诱人，但是你看到问题了吗？停机检查器必须总是返回True或False。如果我们只是让它在输入字符串S上运行程序P，并且碰巧P在S上永远运行，那么停机检查器也会永远运行，无法按预期工作。因此，停机检查器可能需要以某种方式检查程序P和字符串S的内容，执行某种分析，并确定P是否会在输入字符串S上停止。

假设的停机检查器将需要接受两个输入：程序和字符串。简单起见，我们假设程序实际上是作为字符串给出的。也就是说，它是用引号引起来的Python代码。停机检查器会将字符串解释为程序并进行分析（以某种方式！）。我们可以用假设的haltChecker做这样的事情：

```
>>> P = ' def homework1 (X):
                if X == "spam":   return homework1(X)
                else: return "That was not spam!" '
>>> S = 'spam'
>>> haltChecker(P, S)
False
>>> haltChecker(P, 'chocolate')
True
```

我们将再次使用反证法，来证明停机检查器不存在。下面是我们要做的事情的比喻草案。想象一下，有人走过来告诉你："嘿，我有一条可爱的魔法项链，带着一种魔力。如果你问有关项链佩戴者任何问题，只要可以用"是"或"否"来回答，那么它总是会给出正确回答。我将它卖给你，只要99.95美元！"

听起来很诱人，但是这样的项链不存在。要看到这一点，根据反证法，请假设项链确实存在。你可以按以下方式强迫此项链"撒谎"。首先，戴上项链。然后，你的朋友问魔法项链："我的朋友是否想要这几颗果冻豆？"如果魔法项链说"是"，那么当你的朋友问你："你是否想要这几颗果冻豆？"你现在回答"否"，这样魔法项链就给出了错误的答案！同样，如果魔法项链说"是"，那么当你的朋友问你是否想要果冻豆时，你说"否"，便又抓住了魔法项链的谎言。因此，我们不得不得出这样的结论，即不会存在永远准确的魔法项链。

项链？魔法？果冻豆？"你的教授需要休假。"我们听到你说。谢谢你，确实快到假期了，但首先让我们看看这个项链比喻如何与停机检查器有关。

好吧。根据反证法，假设存在一个名为 haltChecker 的函数。然后，将这个 haltChecker 函数放在一个文件中，该文件还包含以下程序 paradox：

```
def paradox(P):
        if haltChecker(P, P):
                while True:
                        print 'Look! I am in an infinite loop!'
        else: return
```

仔细看看这里发生了什么。这个程序 paradox 以单个字符串 P 作为输入。接下来，它将该字符串作为 haltChecker 的两个输入。这可以吗？当然可以！haltChecker 以两个字符串作为输入，第一个解释为 Python 程序，第二个解释为任意普通字符串。因此，我们将 P 既用作第一个输入的程序字符串，又用作第二个输入的普通字符串。

现在，让我们将 paradox 函数的代码放在一个字符串中，并以如下方式命名该字符串 P：

```
>>> P = "def paradox(P):
                if haltChecker(P, P):
                        while True:
                                print 'Look! I am in an infinite loop!'
                else: return"
```

最后，我们以字符串 P 作为新 paradox 函数的输入：

```
>>> paradox(P)
```

我们在这里所做的事情类似于你挫败假设的魔法项链。在这种情况下，假设的魔法项链是 haltChecker，而你是调用 paradox(P)。

让我们仔细分析一下。首先，请注意，这个 paradox 程序要么进入无穷循环（while True 语句将永远循环，则每次循环都将输出字符串"Look! I am in an infinite loop!"），或者它返回，从而停止。

接下来，请注意，当我们在输入字符串 P 上运行 paradox 函数时，实际上是在包含程序 paradox 的输入字符串上运行程序 paradox。然后，它将调用 haltChecker(P, P)，必定返回 True 或 False。如果 haltChecker(P, P)返回 True，则表示“确实，你给我的程序 P 在输入字符串 P 上运行时最终将停止。”在这种情况下，实际上是在说：“当你在输入程序 paradox 上运行时，你给我的程序 paradox 最终将停止。”此时，程序 paradox 进入无穷循环。换句话说，如果 haltChecker 说程序 paradox 最终在输入 paradox 上运行时将终止，那么当给定输入 paradox 时，程序 paradox 实际上将永远运行。这有点矛盾，或者也许我们应该说，这是一个悖论（paradox）！

相反，假设 haltChecker(P, P)返回 False。这是说：“你给我的程序 P 不会在输入字符串 P 上停止。”但是在这种情况下，P 是 paradox，因此实际上是在说：“程序 paradox 不会在输入 paradox 上停止。”但是在这种情况下，我们将程序 paradox 设计为停止。同样，这里也有一点矛盾。

只要有一个停机检查器函数，我们就可以轻松编写 paradox 程序。但是，我们刚才看到，这导致了矛盾。因此，我们不得不得出一个结论，那就是我们的唯一假设（即存在停机检查器）必定是错误的。同样，我们得出结论说，魔法项链不存在。因为如果存在，我们可以设计一个逻辑陷阱，像在这里所做的一样。

现在，我们有了最终的证明，那就是我们不应该将钱浪费在广告上的停机检查器上。的确，对于我们给出的任意程序 P 和输入字符串 S，不存在能够做出 True 或 False 决定的停机检查器，但是我们的律师建议我们指出，对于某些程序及其输入字符串，可以编写一个正确工作的停机检查器，因为某些类型的无穷循环非常容易检测。

7.4 结论

在本章中，我们对计算机科学的两个主要领域进行了一次旋风式旅行：复杂性理论和可计算性理论。复杂性理论是对“容易”和“困难”问题的研究，这些问题存在一些算法解，但运行时间（或内存，或其他资源）可能会有所不同。实际上，复杂性理论让我们不仅可以将问题分为“容易”和“困难”，还可以分为许多不同的类别。最终，这使人们深刻而又惊讶地洞悉了哪些问题可以通过有效的算法解决，而哪些问题则需要花费更多的时间（或内存）。

感谢阅读！

可计算性理论探索了那些无法解决的问题，例如停机问题和许多其他问题。实际上，可计算性理论为我们提供了一些非常有力的通用定理，使我们能够快速确定哪些问题无法解决。其中有一个定理是说，关于程序的行为，我们要测试的任何属性几乎都是不可计算的。

对于停机问题，我们试图测试的行为是停机。我们可能会对测试感兴趣的另一种行为是感染病毒，该病毒会将值写入计算机内存的特定部分。可计算性理论的结果告诉我们，针对该属性来测试输入程序也是不可计算的，因此，如果你的老板告诉，你下一个项目是编写一个完全可靠的病毒检查器，那么你可能需要阅读一些有关可计算性理论的内容，这样你就可以向你的老板证明，做到这一点不仅困难，而且绝对不可能。

关键术语

approximation algorithms：近似算法

bijection：双射

cardinality：基数

complexity theory：复杂性理论

computability theory：可计算性理论

countably infinite：可数无穷

counting number predicate：计数谓词

diagonalization method：对角线化方法

easy, hard, and impossible computational problems：容易、困难和不可能的计算问题

existence proof：存在证明

genetic algorithm：遗传算法

greedy algorithm：贪心算法

halt checker：停机检查器

heuristic design：启发式设计

NP-hard problems：NP 难的问题

polynomial time：多项式时间

proof by contradiction：反证法

练习

判断题

1．考虑一个程序，该程序以长度为 n 的列表作为输入，输出排序数组元素的所有 $n!$ 种不同方法。当 $n=20$ 时，在一个快速的计算机上运行这样的程序将花费一年多的时间。

2．目前没有已知的多项式时间算法，总是可以找到旅行推销员问题的最佳解。

3．遗传算法利用进化和自然选择的概念，尝试在合理的时间内解决计算难题。

4．如果我们有足够快的计算机，那么不可计算的问题将可以解决。

5．所有 Python 程序的集合是可数无穷的。

6．在任意两个可数无穷集之间存在双射。

7．所有计数谓词函数的集合是可数无穷的。

8．存在一种解决停机问题的算法，但是它的速度太慢了，无法在实践中使用。

填空题

1．一个算法被称为以多项式时间运行，如果在任何长度为 n 的输入上，该算法的运行时间正比于____（k 为某个数）。

2．函数 $f(n)=$____给出了所有计数数字（1, 2, 3…）与奇数计数数字（1, 3, 5, 7…）之间的双射。

3．计数谓词是以计数数字作为输入，返回________或________的函数。

4．假设某命题为假，然后证明该假设导致众所周知的某个为假的命题，称为________。

5．Cantor的对角线化证明表明，0～1的实数集是____________。

简答题和讨论题

1．外星人对快速算法的优点表示怀疑。考虑算法1，该算法以长度为n的列表作为输入，并利用该列表执行n^2个步骤，来执行某个任务。另一个算法（算法2）接受长度为n的列表，并使用2^n个步骤执行相同的任务。现在想象一台每秒可以执行100万步的计算机。对于项数n为100的列表，在此计算机上运行算法1将花费多少时间？对于同样的列表，在此计算机上运行算法2将花费多少时间？

2．集合是“可数无穷的”意味着什么？

3.通过描述计数数字和奇数计数集合之间的双射,证明奇数计数数字的集合是可数无穷的。

4．回想一下，有理数是一个可以表示为两个整数之比的数字。让我们考虑一下0～1的有理数。外星人认为，我们用来证明0～1的实数集不是可数无穷的Cantor对角线化证明，可以用来证明0～1的有理数也不是可数无穷的。当我们尝试这样做时，会出什么错？（有些事情应该会出错，因为可以证明有理数的集合是可数无穷的!）